U0178474

科技强国科普丛书

新华社记者带你探秘

胡喆 ◎ 著

火星探测

新华出版社

图书在版编目（CIP）数据

火星探测：新华社记者带你探秘 / 胡喆著
北京：新华出版社，2022.1
ISBN 978-7-5166-6177-2

Ⅰ．①火…　Ⅱ．①胡…　Ⅲ．①火星探测器－普及读物
Ⅳ．① V476.4-49

中国版本图书馆 CIP 数据核字（2022）第 018638 号

火星探测：新华社记者带你探秘

策　　划：高广志	作　者：胡　喆
责任编辑：张　程	封面设计：华兴嘉誉

出版发行：新华出版社
地　　址：北京石景山区京原路 8 号　　邮　　编：100040
网　　址：http://www.xinhuapub.com
经　　销：新华书店、新华出版社天猫旗舰店、京东旗舰店及各大网店
购书热线：010-63077122　　中国新闻书店购书热线：010-63072012

照　　排：华兴嘉誉
印　　刷：三河市君旺印务有限公司

成品尺寸：200mm×190mm
印　　张：8.5　　　　　　　　　字　　数：144 千字
版　　次：2022 年 2 月第一版　　印　　次：2022 年 2 月第一次印刷

书　　号：ISBN978-7-5166-6177-2
定　　价：39.80 元

前　言

习近平总书记指出：我们比历史上任何时期都更接近中华民族伟大复兴的目标，我们比历史上任何时期都更需要建设世界科技强国！

我国第十四个五年规划和二〇三五年远景目标提出，坚持创新在我国现代化建设全局中的核心地位，把科技自立自强作为国家发展的战略支撑，并进一步提出要深入实施科教兴国战略、人才强国战略、创新驱动发展战略，完善国家创新体系，加快建设科技强国。

20世纪60年代，党和国家就提出"四个现代化"的国家战略，最后一个就是科学技术现代化，现在我们提出全面建设社会主义现代化强国，科学技术从来都是我国实现现代化的重要内容。

科学技术从来没有像今天这样深刻改变着人类的命运。信息、生命、能源、海洋、空间、制造等领域的科技新突破不断涌现，引领行业颠覆性变革。量子科技成为现代社会的基石，量子计算、量子通信、量子测量正掀起"量子革命"，说不定哪一天我们就能实现科幻世界里的"瞬间移动"；月球、火星等新空间探索将人类对广袤宇宙的开发利用推上新高度，说不定哪一天我们就会成为火星上的居民；合成生物学、基因编辑等孕育着新的变革，它究竟会怎样为人类提供更好的健康服务……

党的十八大以来，以习近平同志为核心的党中央坚持把创新作为引领发展的第一动力，经过全社会共同努力，我们科技事业取得历史性成就、发生历史性变革，一些前沿领域已开始进入并跑、领跑阶段。我们在载人航天、嫦娥探月、火星探测、北斗导航、FAST（天眼）、量子信息、5G、铁基超导、超级计算、载人深潜、高速铁路、干细胞、脑科学等许多领域取得重大成果，令人骄傲和自豪，这进一步增强了我们发展高科技、实现高质量发展的信心和决心。

新华社记者几乎见证了我国每一项重大科研成果的发展历程。新华社作为国家通讯社，拥有一批优秀科技新闻报道记者，他们常年活跃在报道第一线，每时每刻都在记录和权威发布我国重大科技创新进展，深度挖掘科技背后的新闻。新华社报道形式多样，综合运用文字、图片、音视频、动漫、H5、VR、创意海报、数据图表、动新闻、轻应用等形式，呈现给受众的是全媒体采集、全媒体发布的新业态。基于这样优质科技报道资源，我们将每一项重大科研成果作为一个选题精编成一本书，陆续推出《新华社记者带你探秘——嫦娥探月》《新华社记者带你探秘——量子科技》《新华社记者带你探秘——载人航天》《新华社记者带你探秘——火星探测》等10余册，当你打开这套丛书时，呈现的也是全媒体业态，既有文字，也有图片，扫描二维码还可以看到相关视频。我们力图将深奥的科学道理通过人们喜闻乐见的方式呈现出来，适合不同年龄段读者阅读。这是一套展示我国最新科技成就全媒体科普通俗读物。

当今世界正处于百年未有之大变局，中国进入实现"两个一百年"的历史交汇期，我们面临的国际环境日趋复杂，自身发展遇到新挑战，核心技术受制于人的"卡脖子"现象日益突出。这是我国发展必须迈过的"一道坎"。中华民族自古以来就是一个聪明、坚毅、越艰险越向前的民族。我们过去有李四光、钱学森、钱三强、邓稼先等一大批老一辈科学家，新中国成立后又成长了陈景润、黄大年、南仁东等一批杰出科学家，今后一定会涌现像他们一样饱含爱国情怀、充满探索精神的新一代科学家。

核心技术不是一朝一夕就能攻克的，它需要长期积累的基础学科、基础研究作支撑，需要"十年磨一剑"，久久为功，才能不断实现从"0"到"1"的突破。策划这套科技强国科普丛书的目的就是希望加速营造全社会崇尚科学、追逐梦想的浓厚氛围，读者看了这套书，能够引起哪怕一点点对未来世界的好奇，尤其是青少年读者，如果能够点燃你们立志当科学家的梦想，我们就会倍感欣慰。

仰望星空，还有多少未知世界等着我们去探索；俯瞰大海，梦想的力量指引我们抵达真理彼岸。

我们会不断关注世界和中国科技最前沿成就，及时编辑成册，不断充实到这套丛书中，以飨读者。

新华出版社副社长 高广志

二〇二一年三月十日

目录
CONTENTS
火星探测

序章：千年天问　梦圆火星

"日月安属？列星安陈？"

2020 年 7 月 23 日，一个注定永载史册的日子。仰望行星千年之久的中国人，终于迈出了奔向火星庄严而郑重的一步——中国首次火星探测任务天问一号探测器成功在中国文昌航天发射场升空，正式开启了中国人自主探测火星之旅。

我们为什么要探测火星？怎样去探索火星的奥秘？跨越 2300 多年的"向天之问"，在这一刻，在大海与蓝天交接的尽头，成为永恒的经典。

2021 年 5 月 15 日 7 时 18 分，天问一号着陆巡视器成功着陆于火星乌托邦平原南部预选着陆区，中国首次火星探测任务着陆火星成功，红色火星上首次有了中国印迹！

2021 年 8 月 15 日，祝融号火星车在火星表面运行 90 个火星日（约 92 个地球日），累计行驶 889 米，所有科学载荷开机探测，共获取约 10GB 原始数据，祝融号圆满完成既定巡视探测任务。当前，火星车状态良好、步履稳健、能源充足，将继续向乌托邦平原南部的古海陆交界地带行驶，实施拓展任务。

在建党百年之际，在新冠肺炎疫情的扰动下，面对百年未有之大变局，困难重重、压力巨大。但中国航天人不畏困难、无惧艰险、稳扎稳打完成了中国首次火星探测任务这一神圣而光荣的使命。

正如习近平总书记所指出："天问一号探测器着陆火星，迈出了我国星际探测征程的重要一步，实现了从地月系到行星际的跨越，在火星上首次留下中国人的印迹，这是我国航天事业发展的又一具有里程碑意义的进展。"

千年天问，今朝梦圆。

这一横贯千年的"天问"，既是真理之问、信念之问，更是人类之问。

孔孟之道，首求断惑。然欲断惑，则必先证得大宇宙之唯一真实。早在 2000 多年前的西周，华夏祖先就曾提出有关火星的猜想，而后，几乎历代王朝都设有专司天象的官方机构。

先秦时期，著名诗人屈原在《楚辞》中写下"日月安属？列星安陈？"的《天问》长诗，以《天问》提出 177 个问题，阐发对宇宙万物的理性哲思，体现了古时可贵科学精神的萌芽，也给予了今时中国行星探测工程以命名的灵感。天问奔火，厚植于中华民族传统文化精髓，体现着跨越两千多年的不懈求索，肩负着祖先的重托，接续着科学的求索。

茫茫宇宙，火星是离太阳第四近的行星，大小处在地球和月球之间，是太阳系中与地球最为相似的行星，是一颗承载人类最多梦想的星球。

翻开人类历史，火星探测共 40 余次，成功 24 次，通关概率仅一半左右。探测长路挑战重重，即便一粒微小的尘埃都可能对航天器构成巨大考验。然而，人类最可贵的精神就是断惑，身为地球上最高等的生物，求知欲超过一切。

从这个意义上说，天问一号载入史册：于中国，它是国家航天科技走向更远深空的里程碑，开启了国人对地球之外一颗行星的深入探索；于世界，它意味着国际太空探索再添生力军，人类对宇宙奥秘的认知将进一步深化。

从 2020 年 7 月 23 日成功发射，到 2021 年 2 月 10 日被火星引力所捕获，再到 2021 年 5 月 15 日着陆火星、5 月 22 日祝融号火星车成功驶上火星表面，天问一号奔火的 200 多天里，人们和它一起呼吸、一起奔跑、一起呐喊，为它所取得的每一点进步而喝彩。那一刻，我们仿佛和天问一号一样，遨游在茫茫的宇宙，不断向前，追寻自己的理想和目标。或许，这就是航天探索的意义，这就是我们去火星的意义。

在中国航天发展史上，天问一号任务实现了 6 个首次：首次实现地火转移轨道探测器发射、首次实现行星际飞行、首次实现地外行星软着陆、首次实现地外行星表面巡视探测、首次实现 4 亿公里距离的测控通信、首次获取第一手的火星科学数据。

在世界航天史上，天问一号不仅在火星上首次留下中国人的印迹，而且首次成功实现了通过一次任务完成火星环绕、着陆和巡视的三大目标，充分展现了中国航天人的智慧，是中国在行星探测领域跨入世界先进行列的重要一步，实现了从地月系到行星际的跨越，是新型举国体制制度优势的又一次生动体现。

在天问一号任务的实施过程中，中国国家航天局还同欧空局等国际航天组织以及阿根廷、法国、奥地利等国家航天机构开展了有关项目合作，牵动着世界的目光。

王星和卡戎

编号为"2003UB313"的天体

313

◀ 美国国家航空和航天
局发布的水星、金星、地
球、火星、木星、土星、
天王星和海王星（从画面
左上开始到左下）的合成
照片。（新华社发）

美国航天局副局长托马斯·楚比兴对中国天问一号探测器在火星成功着陆表示祝贺。他在社交媒体上写道："和全球科学界一起，我期待这次任务将为人类了解这颗红色星球作出重要贡献。"

俄罗斯国家航天集团公司总经理罗戈津通过社交媒体祝贺天问一号探测器成功登上火星，并表示"这是中国在航天科研领域取得的巨大成功"。俄著名航天新闻评论员利索夫认为，这是中国继完成登月计划后已取得太空强国地位的再次证明。

太空是属于全人类的太空。如今，中国人实现了从地月系到行星际的跨越，也必将贡献我们的智慧和力量，为人类和平利用太空、推动构建人类命运共同体作出更大的开拓性贡献。

Chapter

01

第一章

火 星
——人类行星探测第一站

自祖先从茹毛饮血的蛮荒时代缓慢走入文明社会，人类头顶的天空便成为了最神秘的地方。目前已知太阳系共有八大行星、各大行星的数百颗卫星、几颗矮行星、数以亿计的小行星和无法统计数量的彗星。太阳系只是银河系中微不足道的一个小系统，像太阳这样的恒星，银河系中可能有几千亿颗，而银河系这种规模的星系，在宇宙中几乎可以用万亿级别来衡量。任何一个与太阳类似的恒星 / 行星系统都有宜居带，在这个区域内，行星能接收到足够的恒星辐射能量，保持合适的温度，维持液态水和大气的存在，也可能孕育生命。

你好，我是火星

火星是太阳系由内向外数的第 4 颗行星，环境条件与地球相近，距离太阳仅比地球稍远一些。在太阳系八大行星中，其物理性质和化学性质与地球最为相近。火星拥有高山、平原和峡谷等多种地形，南方充满陨石撞击的高地和峡谷，北方则多是被熔岩填平的平原，由于自转轴倾角和自转周期与地球相近，火星的昼夜长短及四季变化与地球也几乎一样。

目前，地球位于太阳系的宜居带上，随着太阳活动的加剧，宜居带会往外扩展，火星将有可能变为下一个地球。因此，科学家认为人类有可能向火星移民，开辟新的生存空间。

火星的自我介绍

在太阳系的行星中，火星与地球之间存在着最多的相似之处，因此，火星是一颗承载人类最多梦想的星球。火星是天穹上的一颗红色亮星，中国古代先人将其取名为"荧惑"；古巴比伦人称"尼嘎"（意为刚烈英雄）；古埃及人称"哈·底契"（红色亮星）；古希腊人称"阿瑞斯"（战神）；古罗马人称"玛尔斯（Mars）"（战火之星）。Mars 之名被国际沿用至今。

　　火星是离太阳第 4 近的行星，大小处在地球和月球之间，平均赤道半径为 3398 千米，约为地球的 1/2，是月球的 2 倍。火星运行轨道为明显的椭圆形，绕日公转周期为 687 天，约为 2 个地球年。火星的自转轴倾角和轨道偏心率都会发生周期性变化，自转轴倾角的变化周期为 120 万年，变化范围为 14.9°—35.3°（现在为 25°），偏心率的变化周期约为 200 万年，变化范围为 0.004—0.141（现为 0.097）。

　　火星体积也很小，仅有地球的 15%。在万有引力的作用下，任何物体围绕其他物体运动时，距离越近，运动速度就越快，运动周期就越短，太阳系的行星也是如此。距离太阳最近的水星轨道周期最短，只有大约 88 天，而距离太阳最远的海王星每围绕太阳一周则需要约 165 年。火星每 687 天才能绕太阳一圈，这个天数叫作"轨道周期"，即火星的"一年"，比 2 个地球年略短。

　　火星重力加速度稍大于三分之一地球重力加速度，一个火星日为 24 小时 37 分 22 秒，比地球日稍长；火星大气的水蒸气浓度很低，表面大气密度约为地球的百分之一，压力平均值仅约地球大气压力的千分之六；表面温度在零下 133 摄氏度至 27 摄氏度之间变化。

　　人类有史以来对火星的探测表明，火星现有环境非常恶劣。然而，火星具备生命存在的条件。已有的探测表明，火星纬度 40° 以上的地区，普遍存在地下冰层；火星中纬度地区曾广泛分布流动冰。2015 年 9 月，NASA 正式宣布火星表面存在液态"卤水"（超高盐分含量的液态水），使得人们对火星生命的存在增添了希望。

▲ 1996 年 11 月，"火星环球观测者"号发射，次年 9 月飞抵火星并绕火星轨道飞行。其电池于 2006 年出现故障，遂与地面失去联系。这是"火星环球观测者"探测器于 2003 年 5 月拍摄的火星景观。照片显示，火星北半球正处于初秋，而南半球则是早春。照片左为 4 座大型塔尔西斯火山，中间是 5 千公里长的马里内里斯峡谷。底部南极被季节性的二氧化碳霜冻覆盖，而右上部阿西达利亚平原沙尘暴肆虐。上为北，右为东，阳光从左边照亮火星。（新华社发）

▲这张美国航天局在 2012 年 8 月 20 日公布的假想图显示的是火星的内核状况。（新华社发）

火星有没有大气?

由于内核逐渐冷却,火星几乎没有磁场,自身引力很弱,无法保护自身的大气。火星大气中仅剩下极少的以二氧化碳为主的分子量较大的气体,几乎失去了所有的氧气和氮气。地球大气中,二氧化碳含量还不足 0.04%,而火星大气中二氧化碳占据 95%,还有 2.7% 的氮气,氧气仅有 0.13%。地球上"微不足道"的二氧化碳已经导致了严重的温室效应,火星上大气中 95% 的二氧化碳含量占比理应更为糟糕,但是,由于火星大气密度实在太低,连地球的 1% 都不到,因此,火星的温室效应几乎可以忽略,也因此,火星的日照区域和阴暗区域的温差巨大无比。

你不曾了解过的,磁场的重要性

人类在地球上赖以生存的土壤和海洋仅占地球半径的 1% 不到,地壳之下,就是地幔和地核,地核又由外向内分为外核和内核。外核是超高温、超高压环境,几乎所有物质都处于熔融状态,地核内的铁、镍等金属在高温下缓慢流动,为地球带来了宝贵的磁场。虽然地球的磁场很弱,但是已足以屏蔽大部分太阳风和各种宇宙高能射线。然而,火星与地球相比,体积仅有地球的 15%,体积越小,散热越快,火星内部的发电机几乎停止工作,导致火星只有极度微弱且分布不均匀的磁场,无法包罗整个星球,保护自身自然也就无从谈起了。

除了我，地球还有俩兄弟

地球有三个兄弟，按照与太阳之间的距离来排序分别是水星、金星和火星。不过，比起地球天堂般的环境，水星和金星的生存条件简直如炼狱一般。

水 星

水星距离太阳为 4600 万—6982 万千米，这意味着它在被太阳疯狂地炙烤，太阳风几乎吹走了所有空气。水星向阳面的温度高达 430 摄氏度，同时，由于缺乏大气层保温，背对太阳的一面低至零下 170 摄氏度。同时，在缺乏大气层保护的情况下，水星周身遍布陨石坑，几乎是一个不可能孕育生命的蛮荒之地。

另一方面，对水星的探测极其艰难，因为本身质量很小，水星引力只有地球的 38% 左右，导致探测器很难被它的引力捕获，即便被捕获，也容易受到强大的太阳引力的作用而偏离轨道。已有探测表明，水星周身磁场强度很弱，大气层极其稀薄，基本属于不毛之地。总体看来，探测水星对于人类了解过去很有帮助，但是对于人类渴望的星际移民来说，几乎毫无价值。

金 星

金星很亮，从表面看各方面环境与地球类似，很可能有孕育生命的条件。因此，在掌握了航天技术后，人类迅速把探索金星作为探测的目标。1962 年，美国水手二号成功飞掠金星；1974 年 2 月，水手十号飞掠金星并确认了水手二号的科研成果：金星表面存在极其浓密的大气，表面温度极高。20 世纪中期，苏联启动"金星计划"，共计发射 27 个探测器，加上后来两个"维加"任务，总共 29 个探测器，其中 10 个成功着陆。然而，在 10 个成功着陆的探测器中，最短工作时间仅 23 分钟，最长仅 127 分钟，因为金星的生存环境甚至比水星更为恶劣。

金星大气中 96% 为二氧化碳，造成了严重的温室效应，导致金星表面温度在 460 摄氏度以上；表面大气压是地球的 92 倍；空气中滞留了大量火山喷发带来的硫化物，稠密的大气几乎阻挡了所有的阳光，内部一片昏暗；磁场很弱，难以保护生命。因此无论从哪个方面来说，金星都没有开发价值。相对而言，火星就成了人类迈出地月系统，乃至迈出太阳系的试金石。

火星是离地球较近且与地球环境最相似的星球，一直是人类走出地月系统开展深空探测的首选目标。以往的探测发现了火星存在水的证据，火星上是否存在孕育生命的条件以及火星是地球的过去还是地球的未来，成为火星研究重大的科学问题。研究火星对认识地球演变具有非常重要的比较意义。

Chapter

02

第二章

火星探测之路
人类蹒跚起步

　　人类对火星除了充满敬畏之外，也不乏对它的神秘投入好奇和持续关注。早在 1609 年，伽利略用自制的望远镜观测火星，开创了人类用科学仪器研究火星之先河。1877 年，意大利天文学家亚帕雷利斯基曾利用望远镜对火星观测，认为看到了火星表面上的运河体系。有一个名叫 Percival Lowell 的美国百万富翁对运河这个概念更加痴迷，认为在火星上可能存在没落的文明，曾经利用运河从极冠处引水到火星赤道地区，以供智能生命的生活之需。

　　人类痴迷于火星的探测，目的究竟是什么？火星是太阳系中与地球最为相似的行星，是一颗承载人类最多梦想的星球。在太阳系的行星中，火星与地球之间存在着众多相似之处：两者有几乎相同的昼夜长短，有几乎相同的季节变化。火星是否存在生命活动的信息或曾经发育过生命？它是太阳系中最有可能改造的适合人类居住的天体吗？火星独特的地形地貌和物理特性，承载了其演化的丰富信息，其演化与太阳系的起源及演化是一个什么样的关系？以上这些是火星探测必须回答的重大科学问题。

　　尤其是火星有水和生命存在的问题，激发着人类对火星探索的好奇心，成为人类持续探测火星的推动力。此外，火星的起源和演化与太阳系形成过程的关系，火星与类地行星的共性和特性，是当代行星科学研究的重要内容。

　　探测和研究火星的出发点是为了提高人类对宇宙的科学认知，拓展和延伸人类活动空间，从而推动人类文明可持续发展。通过探测火星可获得丰富的第一手科学数据，对研究太阳系起源及演化、生命起源及演化等重大科学问题具有重要意义。

　　火星探测是一项多学科交叉、技术高度集成的系统工程，其关键技术的突破，将大大带

探索红色星球——火星的奥秘

欧洲航天局火星快速自动探索器于6月2日从哈萨克斯坦拜科努尔卫星发射基地发射升空，进行寻找火星表面生命痕迹的科学考察

太阳
水星
金星
地球
火星

表层温度

最高温度
27℃
平均温度
-55℃
最低温度
-133℃

火星概况

公转轨道
距离太阳2.279亿公里

火星自转一周＝
24小时37分22秒

火星公转一周＝
687个地球日

直径
6794公里

火星大气成分

95% 二氧化碳
2.7% 氮气
1.6% 氩气
0.13% 氧气

火星地表有火山、峡谷及南北极。科学家推测火星北极为冰川覆盖，而火星南极则布满固态的二氧化碳

火星地表干燥，多为岩石，科学家推测其地表下蕴藏着液态水

探索红色星球——火星的奥秘。（新华社发）

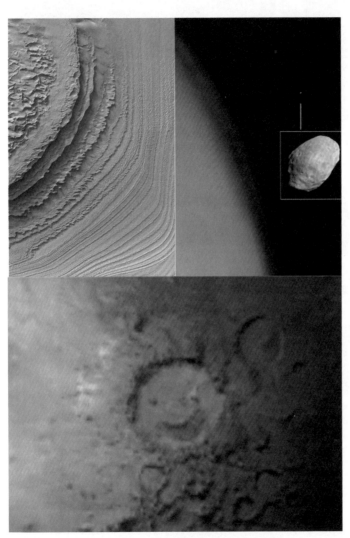

◀ 火星是距地球最近的行星，这个红色星球承载着人类无数的遐想和希望。1877 年 8 月，意大利天文学家斯基帕雷利在观测火星时认为，火星表面的许多细线可能是人工运河，从此有关"火星生命"的谈论通过科幻故事广为流传。1962 年 11 月苏联向火星发射第一个火星探测器"火星 1 号"，标志着人类火星之旅终于起步。40 多年来，人类共计划了 30 多次火星探测，其中三分之二以失败告终，但这从未扑灭科学家探索火星的热情。2003 年 6 月以来，各国又掀起火星探索的新一轮热潮，美、欧火星探测器"三套马车"相继升空。而科学家预测，人类很可能会在 2015 年左右登陆火星，这个距离地球 1.9 亿公里的行星离我们"越来越近"。

1996 年 11 月 6 日，美国"火星环球勘测者"火星探测器发射成功。图为该探测器近期传回的有关火星的照片。图为加勒环形山，也被称做"笑脸"，左上是加勒环形山南部的沉积岩层；右上是经过后期处理的火星卫星之一。（新华社发）

动基础领域、高新领域及前沿领域的科技进步，促进创新驱动发展战略落地生根。火星已成为主要航天国家的探测热点和空间技术战略制高点，是行星探测的首选目标，将呈现出技术上高新发展、科学上全新发现的局面。

此外，为了人类社会的可持续发展，火星可否改造成为适宜人类居住的绿色星球——这些是人类在火星探测中必须面对的重大科学问题。只有这些重大科学问题被一一解答，我们才能清晰地去思考地球和人类自身的未来。

1960年10月10日，苏联发射了人类首颗火星探测器（Mars 1960A）。从此，人类揭开了火星空间探测的序幕，实施了一系列的火星探测任务，其中包括成功绕飞火星的任务和成功登陆火星的任务。这些任务取得了大量的探测成果和重大发现，为人类进一步了解火星

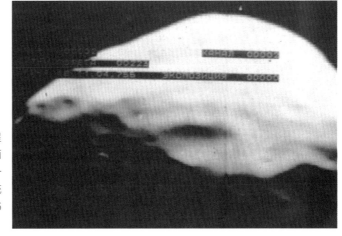

▶ 苏联火星探测器发回的火星卫星图像。绕火星飞行的苏联星际探测器"火卫一号"近日向地面传回的火星卫星火卫一的第一张图像。离火卫一860公里至1130公里时，其自动电视摄影系统进行拍摄并传回地面。（新华社1989年2月26日发传真照片）

创造了条件。

迄今为止，所有的火星探测任务对火星的认识仅仅是初步的和轮廓性的。为了对火星有更深层次的了解，有赖于从火星采样返回，甚至把人送上火星。只有这样，人类对火星的探测才会揭开全新的篇章。

基于现有航天能力，宇宙飞船飞行时间 8—10 个月可到达，相比更远的行星和卫星，探测火星的任务周期较合适；火星与地球有最接近的环境，使得机器人或人类驻 / 住火星成为可能。因此在载人登月之后，火星也成为了人类登陆行星的首选目标。

▲ 这是由哈勃望远镜拍摄到的一张火星在春季时的照片。自 1976 年宇宙飞船光临这颗星球以来，这里的天气较以前寒冷。科学家们认为这一气候现象很值得研究。（新华社 1995 年 3 月 24 日发美联社照片）

相比于月球探测，火星探测任务的难度更大。由于火星相对地球距离较为遥远，对发射、轨道、控制、通信和电源等技术都提出了很高的要求。考虑到风险、成本等因素，地球航天器到火星的最佳路线为 1925 年提出的"霍曼轨道"。由于该轨道每 26 个月才能出现一次，且最近"霍曼轨道"形成时间为 2020 年夏，所以各国火星探测计划均集中在该时间段。

正如无数中外专家所形成的共识——探测和研究火星的落脚点是为了地球和人类，是为人类社会的可持续发展服务。

目前，人类已对火星实施了 40 多次探测任务，其中成功了 24 次，火星是目前人类认识最深入的行星之一。火星探测取得的成果最为丰富，特别是水的发现，极大地激发了人们在火星上寻找生命的热情，成为近期国际深空探测的热点。尤其是 1996 年以来，几乎每个发射窗口都有火星探测器发射，按技术水平和任务内容来划分，人类火星探测大体分为三个阶段。

第一阶段：研究初期的飞越探测（1960—1970 年）

这一阶段国际探空探测尚处研究初期，相关国家主要以火星飞越探测、传送火星图片与探测大气参数为主，但探测任务成功率并不高，仅有一例成功完成任务。1962 年，苏联发射"火星 1A 号"探测器被认为是国际火星探测的起点，但该探测器在飞往火星的途中与地面失去联系，最终失败。此后，苏联的"火星 1 号"与美国的"水手 3 号"等火星探测器探测任务也宣告失败，直到 1965 年美国的"水手 4 号"首次完成火星飞越，成为首例成功探测火星的人造卫星。到了 20 世纪六十年代中后期，美国与苏联对火星的探测热情有所减弱，转而集中探测金星。

第二阶段：初步了解火星表面（1970—1990 年）

20 世纪七十年代初期，美苏重新展开火星探测活动，以轨道环绕与着陆探测为主，主要任务包括传输图像，探测大气、磁场、地表温度等。

在此阶段，探测任务成功率明显提高，包括"水手 6 号""火星 2 号"与"海盗 1 号"

在内的多颗探测器顺利完成任务，尤其是 1971 年发射的苏联"火星 2 号"探测器，成功登陆火星成为首颗火星着陆器。1972 年，美国"水手 9 号"到达火星，成为了火星第一颗人造卫星。进入冷战后期，美苏两国对于深空探测的投入减小，仅苏联发射两颗火星卫星探测器，且全部失败。火星探测的主要方向由发射探测器转为研究历次发射所得的资料数据。

第三阶段：探寻火星生命迹象（1990 年至今）

冷战结束后，火星探测重新成为深空探测的热点。以美国为首的多个国家和地区分别开展了火星探测活动，探测方式主要为着陆探测，主要目标是寻找火星上水存在的证据和生命迹象。期间共发射过"火星快车""勇气号""机遇号"和"好奇号"等多颗探测器，成功找到了火星上水存在的证据。

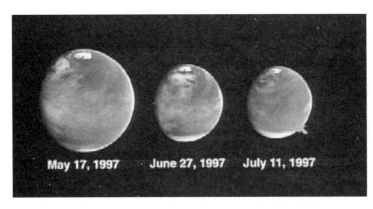

◀ 1997 年 7 月 4 日在火星阿瑞斯平原着陆的美国"火星探路者"飞船及其所释放的火星车虽然还在继续工作，但此次火星探测计划已基本完成。从目前的情况看，它还可以在火星上再漫游几个星期。"火星探路者"使人类对火星的气候有了更深入的了解。图为哈勃望远镜发回的图片。科学家们分析说，火星上的云层正日渐稀薄。（新华社 1997 年 7 月 17 日发 美联社照片）

▶ 1997 年 7 月 4 日在火星阿瑞斯平原着陆的美国"火星探路者"飞船及其所释放的火星车虽然还在继续工作，但此次火星探测计划已基本完成。从目前的情况看，它还可以在火星上再漫游几个星期。图为 1997 年 7 月 15 日火星车上的阿尔法—质子—X 射线光谱仪在现场分析岩石的化学成分。（新华社发 美联社照片）

◀ 1998 年 7 月 4 日，日本首颗火星探测器"行星－B"在鹿儿岛宇宙空间观测所发射基地由 M5－3 型火箭发射升空，并顺利进入环地轨道，开始了火星之旅。（新华社发）

◀ 图右为美国航空航天局的科学家通过三维电脑系统看到火星表面的主体景观。图左为由"探路者"号火星探测器拍摄的照片："旅居者"火星车正对一块名为约吉的岩石进行观察和测量。（新华社 1997 年 10 月 9 日发）

▲ 美国宇航局根据火星环球勘探者飞船发回的数据绘制的火星表面示意图。（1999 年 6 月 11 日发 法新社传真照片）

▶ 2001 年 4 月 7 日，美国宇航局在位于佛罗里达州卡纳维拉尔角的肯尼迪航天中心发射一枚"德尔塔"火箭，携带名为"奥德赛"的火星探测器顺利升空。该探测器将于今年 10 月进入火星轨道，然后进行为期两年半的地理勘探。（新华社 / 法新）

2001 年 4 月 7 日美国航空航天局公布的一幅"奥德赛"探测器探索火星的想象图。当天,"奥德赛"探测器在美国肯尼迪航天中心发射成功。该探测器于 2001 年 10 月 23 日深夜进入火星轨道,此后传回了大量有关火星的数据和照片。(新华社发)

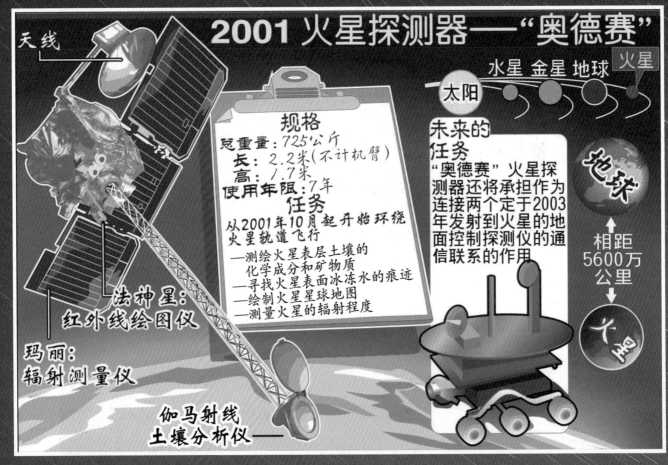

2001 火星探测器——"奥德赛"

天线

规格
总重量：725公斤
长：2.2米（不计机臂）
高：1.7米
使用年限：7年

任务
从2001年10月起开始环绕
火星轨道飞行
—测绘火星表层土壤的
化学成分和矿物质
—寻找火星表面冰冻水的痕迹
—绘制火星星球地图
—测量火星的辐射程度

太阳　水星 金星 地球　火星

未来的任务
"奥德赛"火星探
测器还将承担作为
连接两个定于2003
年发射到火星的地
面控制探测仪的通
信联系的作用

地球

相距
5600万
公里

火星

法神星：
红外线绘图仪

玛丽：
辐射测量仪

伽马射线
土壤分析仪—

2001 火星探测器——"奥德赛"。（新华社发）

▶ 2001 年 7 月 5 日，美国航天局公布了一张由哈勃望远镜在 6 月 26 日拍摄的火星照片。照片显示了霜状的白色火星冰云和遭腐蚀的地表上空的橘红色的尘暴，这证明火星是一颗有活力的行星。这张照片是由哈勃望远镜拍摄的最清晰的火星照片。拍摄时火星距离地球是 1988 年来最近的时刻，仅 6800 万公里。（新华社 / 路透）

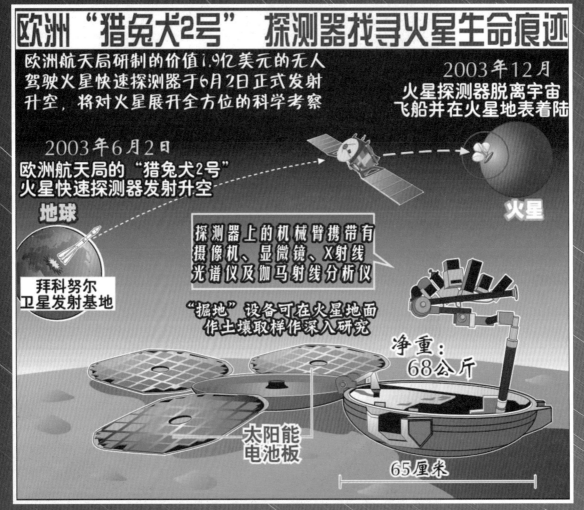

欧洲"猎兔犬2号"探测器找寻火星生命痕迹

欧洲航天局研制的价值1.9亿美元的无人驾驶火星快速探测器于6月2日正式发射升空，将对火星展开全方位的科学考察

2003年12月
火星探测器脱离宇宙飞船并在火星地表着陆

2003年6月2日
欧洲航天局的"猎兔犬2号"火星快速探测器发射升空

地球

火星

拜科努尔卫星发射基地

探测器上的机械臂携带有摄像机、显微镜、X射线光谱仪及伽马射线分析仪

"掘地"设备可在火星地面作土壤取样作深入研究

净重：68公斤

太阳能电池板

65厘米

欧洲"猎兔犬2号"探测器找寻火星生命痕迹。（新华社发）

▶ 这是美国宇航局于 2004 年 1 月 6 日公布的"勇气"号火星车拍摄的第一张高清晰度火星彩色照片的局部。这是迄今人类拍摄到的最清晰的火星表面的照片。（新华社发）

▲ 上图是 2004 年 1 月 5 日由美国国家宇航局发布的"勇气"号火星车拍摄的首张火星立体全景黑白照片。科学家们当日说，"勇气"号已拍下火星表面高分辨率全景彩照，现正逐步向地面发送。（新华社发）

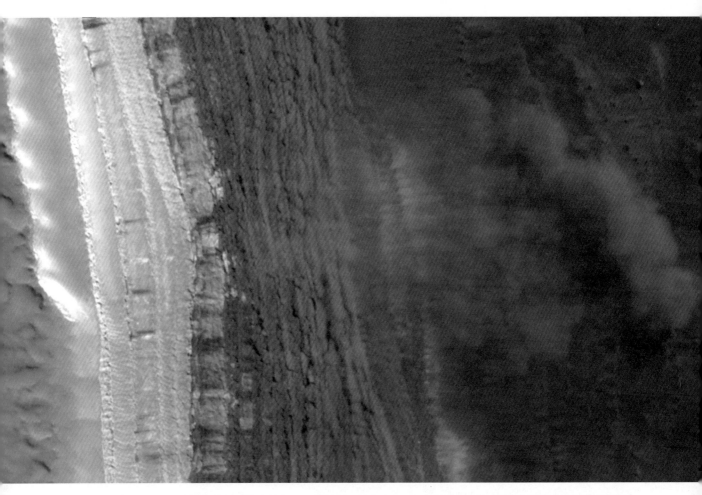

▲ 2008 年 3 月 3 日，美国国家航空航天局（NASA）在其网站上公布了一张记录火星北极附近发生山崩的图片。这张图片是绕火星轨道运行的"火星勘测轨道飞行器"于 2008 年 2 月 19 日拍摄的。照片显示冰块类似物、尘埃以及大块物质从高耸的斜坡上翻滚而下，在坡底处激起巨大的云团（右侧）。（新华社发　NASA 供图）

▲ 这是美国宇航局提供的"凤凰"号探测器在火星着陆的效果图。美国宇航局喷气推进实验室在 2008 年 5 月 25 日宣布，美国西部时间 2008 年 5 月 25 日 16 时 53 分（北京时间 2008 年 5 月 26 日 7 时 53 分），美国"凤凰"号火星着陆探测器成功降落在火星北极附近区域。（新华社发）

▲ 美国宇航局电视截图显示的是
"好奇"号火星车在火星表面着陆后
传回的图像（2012 年 8 月 6 日摄）。
（新华社／法新）

▶ 美国东部时间 2012 年 8 月 6 日
凌晨，"好奇"号火星车成功登陆火
星。这张"好奇"号火星车的概念图
展示的是"好奇"号火星车利用设备
分析一块岩石表面的成分。（新华社／
路透　翟健岚编辑）

各国开展火星探测的动态

2020 年由于正值地球发射火星探测器的"窗口期",美国、中国、阿联酋等国家均已明确于 2020 年执行火星探测任务。三个国家将在火星执行地表采样、区域巡视性探测、热大气层测量等方面的探测任务,从而为生命起源及演变、探索人类新家园等方面的研究提供重要支撑。

除中、美、阿三个国家外,欧盟、俄罗斯、印度等国家虽然于 2020 年并未明确火星探测计划,但也已拥有一定的技术基础或项目支持。总体来看,随着 2020 年三大"探火"项目的相继开展,针对以火星为代表的深空探测项目,相关国家会持续加大投入力度,从而在这一涉及"地外资源"的未知领域中占据优势。

虽然美、中、阿三国都将于 2020 年夏执行火星探测任务,但由于技术水平、项目进度、科研侧重点等方面的不同,各国的探测任务执行上存在一定的差别。

美国:为"登火"做准备

美国计划于 2020 年发射的"毅力号"火星车是在此前获得成功的"好奇号"火星车的基础上改进而来的。该火星车装备了最新的机械臂,以及火星环境动力分析仪、火星次表层雷达成像实验仪等科学仪器,不仅能提供高分辨率的 3D 火星图片,还能保存岩石和土壤样本,并在未来带回地球。另外有舆论认为,作为世界火星探测技术最为先进的国家,美国此次探测任务也是在为下一步的载人登陆打基础。比如此次"毅力号"就携带了火星氧元素原位资源利用实验仪,用以将二氧化碳转化为氧气;美国私人天空探索公司"SpaceX"也计划向火星发射"红龙"火星着陆器，为人类将来移居火星做基础准备。

阿联酋：环绕探测背后蕴藏"大计划"

相比中美两国，此次阿联酋计划发射的"希望号"火星探测器并没有"落火"计划，探测器采用环绕探测火星的方式研究火星的大气和环境。借助装载的仪器，探测器将研究火星低层和上层大气的相互作用关系，并搜寻今天的火星天气和远古的火星气候之间的联系。值得一提的是，阿联酋在深空探测上拥有较为远大的"志向"，据外媒报道称，在去年阿联酋成功将首位宇航员送入太空后，该国还计划投资 1.36 亿美元在地球上建设一座复制火星环境的"火星城"，为研究火星生活提供支撑。另外，"火星城"也是阿联酋"2117 火星战略"的一部分，该国希望在 2117 年前在火星上建立人类定居点。

抛开 2020 年确定实施的火星探测计划，由于欧盟、俄罗斯、印度等地区或国家也具备探测火星技术能力，且有的项目已在准备中，所以未来一段时间或将会有更多的国家加入"探火"的"朋友圈"中来。

首先，欧盟和俄罗斯原计划于 2020 年执行"ExoMars2020"任务，探测器由欧洲首辆火星车"罗莎琳德·富兰克林"和俄罗斯"哥萨克舞"火星表面平台组成，用于评估火星的地质景观及其微观组成，以及尝试挖掘埋藏在火星地表下的生命元素。但是由于俄罗斯方面的伞降系统以及欧洲方面的飞行软件存在一定程度的风险，该计划最终被推迟到 2022 年执行。对此虽然两国官方的联合声明表示，欧洲国家疫情的普遍恶化影响了 ExoMars 研制的最后阶段，但鉴于双方从 2016 年起便开始相关合作，技术积累较为充足，未来将在深空探测领域有一定竞争力。

其次，印度早在 2013 年发射了第一颗火星探测器"曼加里安号"，并成功进入火星轨道，将图片和数据传回地球，体现了印度在航天领域的实力。但据印度空间研究组织公布的 2020 年目标显示，印度尚没有火星探测的相关项目。对此有分析认为，这种情况一方面是由于印度此前已经成功进行过火星探测，另一方面则是由于印度今年重点任务中有太阳探测计划，起点更高、技术难度更大，一旦成功将有力提升印度的国际地位，故会将更多资源向探测太阳项目倾斜。

从技术发展水平层面看，国际上已实现对火星的掠飞、环绕、着陆、巡视探测，技术难度更大的采样返回和载人探测仍有待突破技术瓶颈。美国已全面掌握火星掠飞、环绕、着陆和巡视勘察技术，取得了火星探测史上多个"第一"，在世界上处于绝对领先地位。

尤其是 2012 年 8 月着陆的"火星科学实验室"（Mars Science Laboratory，MSL）采用的"空中吊车"着陆技术震撼了全世界，标志着美国的火星探测技术达到了新高度。苏联 / 俄罗斯实现了火星掠飞和环绕探测；4 次尝试进行火星着陆探测，仅 1 次取得部分成功（火星—3）。欧空局通过实施"火星快车"任务，掌握了环绕探测技术。日本实施了"希望号"任务，只实现火星掠飞，未进入绕火星轨道。印度成功实施了"曼加里安"任务，掌握了环绕探测技术，并成为亚洲第一个成功实现火星环绕探测的国家。

从科学研究成果层面来看，国际上通过不同探测形式与任务，在火星轨道运动规律与参数、火星磁场下火星空间宇宙辐射环境、火星大气、火星地形地貌与地质构造、火星表面物质（岩石、矿物与化学元素）、火星内部结构等方面取得了巨大的成就。特别是 2015 年 NASA 陆续宣布取得一系列关于火星的重大发现，包括火星表面存在液态水、火星表面存在远古湖泊、火星地表以下土壤中存在液态水，以及火星上存在极光现象等，这些科学成果将进一步改变人们对于火星的认识，为在火星上寻找生命痕迹提供重要证据和有力信息支撑，将对人类未来的太阳系探索和地外生命搜寻产生重要影响。

Chapter

03

第三章

横贯千年的"向天之问"

人类认识宇宙历程

"宇宙"一词的由来

中国古籍中最早使用"宇宙"这一词汇的是《庄子·齐物论》。"宇"的含义包括各个方向，如东西南北的一切地点；"宙"包括过去、现在、白天、黑夜，即一切不同的具体时间。

后来，"宇宙"一词便被用来指整个客观实在世界。与宇宙相当的概念有"天地""乾坤""六合"等，但这些概念仅指宇宙的空间方面。《管子》的"宙合"一词中，"宙"指时间，"合"（即"六合"）指空间，与"宇宙"概念最接近。

在西方，"宇宙"这个词在英语中叫 cosmos，源自希腊语，古希腊人认为宇宙的创生是从混沌中产生出秩序来。英语中还有一种更常用的是 universe，此词与 universitas 有关。在中世纪，人们把沿着同一方向、朝同一目标共同行动的一群人称为 universitas。在最广泛的意义上，universitas 又指一切现成的东西所构成的统一整体，那就是 universe，即宇宙。

古老的宇宙观

远古时代，人们对宇宙结构的认识处于十分幼稚的状态，他们通常按照自己的生活环境，对宇宙的构造进行推测。在中国西周时期，人们提出的"早期盖天说"认为，天穹像一口锅，倒扣在平坦的大地上；后来又发展为"后期盖天说"，认为大地的形状也是拱形的。公元前 7 世纪，古巴比伦人认为，天和地都是拱形的，大地被海洋所环绕，而其中央则是高山。古埃及人把宇宙想象成以天为盒盖、大地为盒底的大盒子，大地的中央则是尼罗河。公前 7 世纪末，古希腊的泰勒斯认为，大地是浮在水面上的巨大圆盘，上面笼罩着拱形的天穹。

最早认识到大地是球形的是古希腊人。公元前 6 世纪，毕达哥拉斯从美学观念出发，认为一切立体图形中最美的是球形，主张天体和我们所居住的大地都是球形的。这一观念为后来许多古希腊学者所继承，但直到 1519—1522 年，葡萄牙的麦哲伦率领探险队完成了第一次环球航行后，地球是球形的观念才最终证实。

公元 2 世纪，托勒密提出了一套完整的"地心说"学说。这一学说认为地球在宇宙的中央安然不动，月球、太阳和诸行星以及最外层的恒星都在以不同速度绕着地球旋转。他还认为行星在本轮上绕其中心转动，而本轮中心则沿均轮绕地球转动。"地心说"曾在欧洲流传了 1000 多年。

哥白尼日心说

1543 年，哥白尼提出科学的"日心说"，认为太阳位于宇宙中心，而地球则是一颗沿圆轨道绕太阳公转的普通行星。1609 年，开普勒揭示了地球和诸行星都在椭圆轨道上绕太阳公转的事实，发展了哥白尼的日心说。同年，伽利略则率先用望远镜观测天空，用大量观测事实证实了日心说。1687 年，牛顿提出了万有引力定律，深刻揭示了行星绕太阳运动的力学原因，使日心说有了牢固的力学基础。在这以后，人们逐渐建立起了科学的太阳系概念。在哥白尼的宇宙图像中，恒星只是位于最外层恒星天上的光点。1584 年，布鲁诺大胆取消了这层恒星天，认为恒星都是遥远的太阳。

18 世纪中叶，赖特、康德和朗伯推测说，布满全天的恒星和银河构成了一个巨大的天体系统。赫歇尔首创用取样统计的方法，用望远镜数出了天空中大量选定区域的星数以及亮星与暗星的比例。1785 年首先获得了一幅扁而平、轮廓参差、太阳居中的银河系结构图，从而奠定了银河系概念的基础。在此后一个半世纪中，沙普利发现了太阳不在银河系中心、奥尔特发现了银河系的自转和旋臂，以及许多人对银河系直径、厚度的测定，科学的银河系概念才最终确立。

18 世纪中叶，康德等人还提出，在整个宇宙中，存在着无数像我们的天体系统（指银河系）那样的天体系统。而当时看去，呈云雾状的"星云"很可能正是这样的天体系统。此后经历了长达 170 年的曲折探索历程，直到 1924 年，才由哈勃用造父视差法测量了仙女座大星云等的距离，确认了河外星系的存在。

而近半个世纪，人们通过对河外星系的研究，不仅已发现了星系团、超星系团等更高层次的天体系统，而且已使我们的视野扩展到远达 200 亿光年的宇宙深处。

中国古代对火星的认识

中国古代称火星为"荧惑"。其中"荧"代指火星由于土壤富含氧化铁而发出的红光；"惑"则出于古人对火星运行缺乏规律而感到的困惑，由于轨道和公转速度的差别，从地面上来看，火星运行时快时慢时明时暗，有时逆行也有时顺行（自西向东），令人捉摸不定。

中国古代有关火星有一个很著名的词，即"荧惑守心"。其中"心"是指心宿二，位于天蝎座，又叫"大火"。"七月流火"中的"火"指的就是心宿二。在古代，心宿映射王室，大火代表君王，两侧二星代表太子和庶子。每年夏季，心宿就会出现在南方夜空，火星经过心宿，当火星在心宿天区顺行又逆行，徘徊不去，就称作"荧惑守心"，被古人视为影响国家安定的不吉之兆。

历代君王对荧惑星的变化无常多有关注，将其与自然灾害、朝代更替、帝王生死相关联起来，《史记》载："荧惑星守之，则有水之忧，连以三年。"历朝历代，似乎都有类似"荧惑守心"的事情发生，往往都会和帝王的生死和亡国密切相关，所以相关记载大都与古代王室存在一定联系。

天问一号任务与古代文学的联系

"天问"出自《楚辞》，是中国伟大的浪漫主义诗人屈原的一首长诗。全诗 1550 多字，370 多句，四句一节、每节一韵，节奏音韵自然协调；在内容上，全诗通篇是对天地、自然和人世等一切事物现象的发问，表现出作者超卓非凡的学识和惊人的艺术才华，被誉为"千古万古至奇之作"。

先秦时期中国天文成就

屈原所处的时代是战国末期，秦始皇即将统一六国的前夜，距今 2000 多年。那时人们已经观察到了日月五星的运行，甚至有了彗星、日食的观测记录，有了基本的历法。早期宇宙模型已经萌芽，到汉代发展成了盖天说、浑天说和宣夜说。

战国时期，齐国的天文学家甘德著有《天文星占》，魏国人石申著有《天文》，后人将这两部著作合为一部，称作《甘石星经》。这是中国也是世界上现存最早的一部天文学著作。书中记有八百颗恒星的名字，测定了一百二十颗恒星的位置。记载了日月五星的运行规律，以及二十八星宿。

▲ 2020年10月9日，在北京航天飞行控制中心，航天科技人员在现场工作。2020年10月9日23时，在中国首次火星探测任务飞行控制团队控制下，"天问一号"探测器主发动机工作480余秒，顺利完成深空机动。（新华社记者 才扬摄）

▲ 航天科研人员在北京航天飞行控制中心监测"祝融号"火星车工作情况。（新华社记者 金立旺摄）

《天问》中提出的天文问题

在天文部分，屈原的问题大致涉及宇宙起源、宇宙结构、日月五星运行、科学精神等几个方面。

1. 宇宙起源问题

遂古之初，谁传道之？

上下未形，何由考之？

冥昭瞢暗，谁能极之？

冯翼惟象，何以识之？

屈原开头的问题是关于宇宙起源的。大意是宇宙诞生之初的情况人们是怎么知道的？天地未分，混沌无垠，是谁考订而知之的？幽明之理，难知难晓，谁能穷极其本原？天地既分，唯象无形，何以识知它的形象？

屈原时代的宇宙起源理论比较有代表性的是盘古开天地说。最早在《三五历记》中有记载："天地混沌如鸡子，盘古生其中，万八千岁，天地开辟，阳清为天，阴浊为地，盘古在其中。一日九变……垂死化身。气成风云，声为雷霆，左眼为日，右眼为月，四肢五体为四极五岳。血液为江河，筋脉为地里，肌肉为田土，发为星辰，皮肤为草木，齿骨为金石，精髓为珠玉，汗流为雨泽。身之诸虫，因风所感，化为黎甿。"

这种宇宙起源学说带有浓厚的神话色彩，在漫长的一万八千年里，人类还没诞生，谁见过？又是谁记载了盘古一点点变化成日月星辰、风云雷霆的？因此屈原质疑：遂古之初，谁传道之？上下未形，何由考之？

中国古老的宇宙起源学说有一点跟现代天文学是一致的，就是中国古人相信宇宙不是亘古就有的，而是有明确的起源的。

2. 宇宙结构问题

圜则九重，孰营度之？

惟兹何功，孰初作之？

斡维焉系，天极焉加？

八柱何当，东南何亏？

屈原接下来的问题是关于宇宙结构的。古代传说天有九重，有八根天柱支撑着天，称为天柱；地靠绳子挂着，称为地维。最开始的时候天是正的，大地是平的。后来，共工和颛顼两人为了争夺天下发生了战争。共工战败，一气之下撞倒了不周山。不周山是八根天柱之一，这样西北方的天就塌了，系着地的绳子也断了，东南方的地便陷了下去。于是，天上的日月星辰都倾斜着运行，百川之水都流向了东南方。

对此屈原质疑：这九重天是谁测量出来的？这么大的工程，是谁建造的？八根天柱位于何处？东南方为何塌陷？

屈原的时代大概无法回答这种宏大的宇宙结构问题，那时的人们对天究竟有多高并没有太多的概念，对日月星辰离地球有多远也并不清楚。如果知道最近的天体月球到地球的距离都有 38 万公里，如果知道北斗七星中每一颗星距离地球的远近都是不同的，最近的跟最远的星离地球的距离相差 40 多光年，大概也不会创造出八根天柱的神话。

现代天文学观测到了太阳系的结构，并派遣飞船造访了太阳系的主要行星和卫星，也观测到了银河系、河外星系、星系团、超星系团，最终获得了宇宙的概貌——宇宙大尺度结构。宇宙大尺度结构呈纤维状。星系就分布在这些纤维壁上，纤维之间是巨大的空洞。

但是这些纤维状的可见物质只占宇宙物质总量的 5% 左右。其余部分，95% 左右是不可见的暗物质、暗能量。至今，天文学家并不清楚其本质。

天文望远镜可以捕捉到宇宙大爆炸之初残余的微光，可以在红外、紫外、射电 X 射线、伽马射线等全波段进行观测。天文学取得了长足的进步，但宇宙中仍然有大量奥秘等着人们去发现。

3. 天体的运行问题

日月安属？列星安陈？

出自汤谷，次于蒙汜。

自明及晦，所行几里？

夜光何德，死则又育？

在古老的神话故事中，太阳从东方的汤谷升起，从西方的蒙汜落下。屈原质疑：日月星辰是谁安排陈列在天上的，太阳从汤谷到蒙汜，从日出到日落，经过多少里路程？月亮（夜光即月亮）怎可死后再复活？

面对屈原的问题，现代天文学已经可以非常精确地回答。太阳系的引力维系着太阳系的行星绕其公转，太阳每天从日出到日落（其实是地球自转的反映）所经过的距离也可以计算出来，月亮的阴晴圆缺也可以精准作出预报。

4. 科学精神

早在先秦时期，屈原已经对当时天文学提出了质疑，这是可贵的科学精神的萌芽，科学如果没有质疑就不会有进步。但光有质疑还不够，需要提出假设、猜想，并通过观测、实验等手段不断探究，以验证猜想和假设的正确性。

中国古代的天文观测传统

汉族有悠久的天文学观测传统。远在传说时代，就有世袭执掌天文的官吏，专门观测天象。以后历代沿续，设观星台、观象台、司天台、司天监、钦天监等机构，负责观测天象、推算历法。因此，汉文献中对日食、月食、恒星、彗星等天象的观测与记录，都是世界上最早的和最完整的。汉族古代天文学家制造的天文观测仪器有许多优点，其关键部件和原理至今仍被应用于现代大型天文观测仪器中。

日食发生的最早记录，在距今约 4000 年的夏代。距今约 3000 年的商代甲骨卜辞中，有日食、月食的确切记录。周代以及春秋战国以来的典籍中，更有日食、月食的诸多记录。

恒星的观测记录，也见于商代甲骨文中。《周礼》有冯相氏，"掌十有二岁、十有二月、十有二辰、十日、二十有八星之位"。战国时甘德著《星占》八卷，石申著《天文》八卷，后人合称为《甘石星经》，其中记载 120 颗恒星位置，是世界上最早的恒星表。古代天文学家把周天分三垣（太微、紫微、天市）二十八宿（东方青龙七宿——角、亢、氐、房、心、尾、箕；南方朱鸟七宿——井、鬼、柳、星、张、翼、轸；西方白虎七宿——奎、娄、胃、昴、毕、觜、参；北方玄武七宿——斗、牛、女、虚、危、室、壁），用这种区域划分来确定天体和天象发生的位置。先秦时期汉族先民绘制星图，留存至今最早的实物有五代时期出土的两块 28 宿星图刻石，其他著名的有宋代苏州石刻天文图及敦煌唐代星图。

对于哈雷彗星的观测记录，最早的一次在公元前 1057 年。对于太阳黑子的观测，最早见于约公元前 4 世纪甘德的《星占》。正史中关于太阳黑子的记录，始于公元前 28 年。至1638 年，见于正史中的太阳黑子记录百余例，散见于其他汉文载籍的记载可能更多。这些珍贵的资料，至今仍有重要的科学研究价值。

由于积累了历代天文观测的丰富知识，汉代天文学家明确提出宇宙结构理论"浑天说"，否定了先秦的"盖天说"。

为了准确地观测天体和天象的位置，汉代天文学家耿寿昌、贾逵等发明了以赤道为坐标系的天文观测仪器，汉文称为"浑仪"或"浑天仪"。

汉代天文学家张衡创制的"浑象"（也叫"浑天仪"），是用来显示天象的仪器，类似现代的"天球仪"。它利用漏壶滴水发动齿轮，带动浑象绕轴旋转，可以将天象准确地显示出来。

机械钟的发明，始于显示天球旋转（即地球自转及公转）的天文仪器，为汉族首先制作。

公元 725 年，唐代天文学家一行高僧（张遂）与梁令瓒在"浑仪"和"浑象"的基础上，制成"浑天铜仪"。这是一架附有报时装置的天文仪器，注水激轮带运转，一方面显示日月运行情况，另一方面立二木人于地平之上，每一刻自然击鼓，每一辰自然撞钟。其擒纵轮靠水力驱动。

公元 1092 年，宋代天文学家苏颂制造了更先进的"水运仪象台"，这实际是一座大型天文钟台，高 35.65 尺，宽 21 尺。台分三层，上层是浑仪，用来观测日月星辰的位置；中层是浑象，旋转并且显示天象；下层设木阁，木阁又分五层，每层有门，每到一定时刻，门中有木人出来报时。木阁后有漏壶和机械系统，驱动整个仪器。苏颂钟是人类在中世纪最卓越的机械制造，其原理于两个世纪后传入欧洲，导致机械钟在西方的发展。

此外，春秋以前被普遍用来测量日影长度的"圭表"，也是汉族先民的一大发明。表为立竿，圭为卧尺，测日影长度，定冬至和夏至的日期以及回归年的长度。唐代一行等人最早实测了子午线的长度。

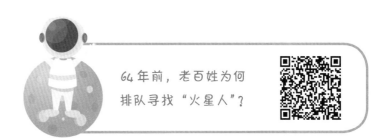

64 年前，老百姓为何排队寻找"火星人"？

　　汉族先民最早发现天然磁石和磁铁指南，并制作了"司南"和指南针。汉族先民也很早就发明了历法。相传先秦有黄帝历、瑞顼历、夏历、殷历、周历、鲁历，合称"古六历"。夏历又称"夏正"，以正月为岁首；殷历又称"殷正"以12月为首；周历又称"周正"，以11月为岁首；秦用瑞顼历，以10月为岁首。汉以来，有太初历、三统历、四分历、乾象历、太明历、戊寅元历、大衍历、12气历、统天历、授时历、时宪历、天历等。这些历法当中，除北宋沈括创制的"12气历"和太平天国颁行的"天历"是阳历外，其他历法都是阴阳合历。直到今天，汉族仍然习惯使用传统的阴阳合历，同时使用世界大多数国家通用的公历。

Chapter

04

第四章

天问一号　横空出世

回望中国火星探测的历史，早在嫦娥一号任务取得圆满成功之后，业内专家即开始谋划中国深空探测后续发展。

2010年8月，8位院士联名向国家建议，开展月球以远深空探测的综合论证，国家有关部门立即组织专家组开展了发展规划和实施方案论证，多位院士、专家团队积极参与论证工作，对实施方案进行了三轮迭代和深化，最终于2016年1月正式立项实施。2016年9月天问一号完成方案迭代，转初样研制阶段。2018年9月，完成初样研制，转正样阶段。2020年4月完成正样研制，运抵发射场。

中国首次火星探测任务起步虽晚，但起点高、跨越大，从立项伊始就瞄准当前世界先进水平确定任务目标，明确提出在国际上首次通过一次发射，完成"环绕、着陆、巡视探测"三大任务。

天问一号火星探测器，包括环绕器和着陆巡视器，其中着陆巡视器又由进入舱和火星车组成，进入舱计划完成火星进入、下降和着陆任务，火星车配置了多种科学载荷，在着陆区开展巡视探测。

从地球到火星，最遥远的距离大约4亿公里，这么远距离的通信对于火星探测器研制团队而言可谓难上加难。

经过四年多艰苦攻关，研制团队按节点顺利完成了探测器的模样研制、初样研制、正样研制、大系统对接试验等工作，为探测器飞越深空、到达火星提供了坚强支撑。

中国首次火星探测任务命名为
"天问一号"

中国行星探测任务命名为"天问（Tianwen）系列"，首次火星探测任务命名为"天问一号"，后续行星任务依次编号

4月24日，第五个中国航天日之际，备受关注的中国首次火星探测任务名称、任务标识在2020年中国航天日线上启动仪式上正式公布

该名称源于屈原长诗《天问》，表达了中华民族对真理追求的坚韧与执着，体现了对自然和宇宙空间探索的文化传承，寓意探求科学真理征途漫漫，追求科技创新永无止境

象征"揽星九天"的任务标识，展示了独特字母"C"的形象

汇聚了 **中国行星探测**（China）

国际合作精神（Cooperation）

深空探测进入太空的能力（C3）

等多重含义
展现出中国航天开放合作的理念

中国行星探测
mars

 新华社发 刘琼编制

中国首次火星探测任务命名为"天问一号"。（新华社发 刘琼编制）

"天问一号"探测器模型。
（新华社记者 金良快摄）

通过首次火星探测任务的实施，中国将验证火星制动捕获、进入／下降／着陆、长期自主管理、远距离测控通信、火星表面巡视等关键技术，为建立独立自主的深空探测基础工程体系夯实基础，推动中国深空探测活动可持续发展。

火星探测将是中国行星探测的第一步，是深空探测领域从月球到行星的发展历程中承前启后的关键环节，也是未来迈向更远深空的必由之路。

一个时代有一个时代的主题，一代人有一代人的使命。"天问一号"任务是中国独立实施的首次行星探测任务，开启了属于中国人自己的行星探测时代。

从 2007 年首次探访月球起，中国深空探测已走过13 年时光，但一直没有对太阳系内的其他行星开展过探测，主要原因就是受到火箭运载能力的限制。

根据发射任务要求，长征五号遥四火箭将托举探测器加速到超过 11.2 千米每秒的速度，之后完成分离，直接将探测器送入地火转移轨道，开启奔向火星的旅程。

当航天器达到每秒 11.2 千米的第二宇宙速度时，就

▲ 在 2014 年第十届中国国际航空航天博览会上，中国火星探测系统将首次亮相。中国火星探测系统由环绕器和着陆巡视器组成，其中着陆巡视器主要功能为实现火星表面软着陆，并释放分离火星巡视器，开展巡视科学探索。（新华社记者 刘大伟摄）

▲ 在第十届中国国际航空航天博览会上展示的火星探测系统火星巡视器原尺寸模型，及俗称的"火星车"。（新华社记者梁旭摄）

可以完全摆脱地球引力，去往太阳系内的其他行星或者小行星。因此，第二宇宙速度也被称为"逃逸速度"。

此次发射天问一号火星探测器，是长征五号火箭第一次达到并超过第二宇宙速度，飞出了中国运载火箭的最快速度。此前，长征五号遥三火箭和长征五号 B 遥一火箭连续发射成功，标志着长征五号火箭已经攻克关键技术瓶颈，火箭各系统的正确性、协调性得到了充分验证，火箭可靠性水平进一步提升。

此次执行应用性发射任务，意味着长征五号火箭正式开始服役。从人造卫星、载人航天、探月工程，到摆脱地球引力，走向更远的深空，此次发射无疑是中国航天史上的一个重要里程碑。

在航天领域，人们经常讲，一次成功不等于次次成功，成功不等于成熟。在航天人眼中，承载着使命和光荣的"胖五"火箭，就像他们的兄弟一般亲切和熟悉。各方都对"胖五"寄予厚望，"胖五"正式上岗，也意味着更多新的挑战。

从长五 B 首飞到 2020 年 7 月下旬的首次火星探测任务，间隔仅有两个半月。这意味着在上次任务发射后，发射平台和地面支持系统的恢复时间，相比原来我们计划的进度要压缩了 30% 以上。从火箭研制的角度来讲，火箭研制团队也创造了属于他们的新速度。

作为决定未来中国航天发展格局的型号，长征五号是航天强国建设的重要支撑。作为中国新一代运载火箭的主力，长征五号的运载能力也将在一定程度上改变游戏规则，高轨卫星一箭多星的时代正在到来。此外，长征五号的关键技术对于支持中国重型运载火箭的研制也具有重要意义。

Chapter

05

第五章
中国首次火星探测任务
正式启航

2020 年 7 月 23 日，伴随着震耳欲聋的轰鸣声，长征五号遥四运载火箭在海南文昌航天发射场发射升空，在天际画出一道金色曲线，经过约 2180 秒的飞行后，成功将中国首个火星探测器——"天问一号"送入预定轨道，发射任务取得圆满成功。这是长征五号系列运载火箭的第五次发射任务，是 2020 年第二次执行发射，也是首次执行应用性发射任务。

为什么"探火"任务非"胖五"莫属

人类探测火星的方式与探测月球的方式基本相似，包括环绕探测、着陆探测、巡视探测、采样返回探测和载人登陆探测等五种。其中采用环绕探测方式可以对火星进行整体普查甚至是全球勘测；采用着陆探测和巡视探测方式可以对火星进行区域性详查；采用采样返回探测和载人登陆探测方式可以对火星进行区域性精查。但它们按前后顺序来说技术难度是越来越大，所以一般都采用循序渐进的方针，先进行环绕探测，然后进行着陆探测、巡视探测、采样返回探测，最终进行载人登陆探测等。

目前，人类在探月的历程中，这些探测方式都采用过，但每次发射基本上只采用其中的一两种探测方式。与月球探测相比，由于火星距地球的距离比月球距地球的距离遥远得多，探测火星的难度也比探测月球的难度大得多，因此，至今人类对火星的探测只采用过环绕探测、着陆探测、巡视探测方式，未来的目标是对火星进行采样返回探测和载人登陆探测，但难度、投资和风险都将很大。

▶ 长征五号遥四运载火箭垂直转运至发射区，计划择机实施中国首次火星探测任务。
（新华社发 张高翔摄）

▲ 2020 年 7 月 17 日在中国文昌航天发射场拍摄的长征五号遥四运载火箭。当日，长征五号遥四运载火箭在中国文昌航天发射场完成技术区总装测试工作后，垂直转运至发射区，计划于 7 月下旬到 8 月上旬择机实施中国首次火星探测任务。（新华社发 张高翔摄）

一次发射完成多种探测的好处是可以"少花钱，多办事"，但技术复杂，风险很大，所以一般很少采用。目前，只有美国的海盗 1 号和海盗 2 号火星探测器成功实现了通过一次发射完成环绕探测和着陆探测。欧洲曾两次进行类似的火星探测活动，但都只完成了环绕探测，而着陆探测均告失败。

中国首次发射的天问一号火星探测器，史无前例地通过一次发射完成火星环绕、着陆和巡视三项任务，起点很高，同时也具有很大的挑战性。中国火星探测器"天问一号"由环绕器（也叫轨道器）、着陆器和巡视器（又叫火星车）组成，重量达到 5 吨左右。天问一号探火首先需要由运载火箭送入地火转移轨道，只能由中国现役最大的火箭长征五号担纲发射。

发射深空探测器，需要运载火箭提供足够的发射能量，使探测器获得足够大的初始速度。在分离速度确定的条件下，重量越大的探测器，所需要的发射能量也越大。在长征五号火箭出现之前，当时运载能力最强的长征三号乙火箭，可以将两吨左右的探测器送入地火转移轨道，而长征五号运载火箭的地火转移轨道发射能力，超过了 5 吨。因此，发射"天问一号"这样的大号探测器，只有"胖五"能够胜任。

长征五号运载火箭 2006 年国家正式批准立项研制，2016 年 11 月 3 日在文昌航天发射场首飞成功，可谓十年磨一"箭"。长征五号运载火箭外形巨大，总长约 57 米，箭体直径达到 5 米，而此前中国现役火箭箭体直径最大的只有 3.35 米，由于其显著粗壮的外形，被网友亲切称为"胖五"。长征五号不仅是中国最高、体积最大的火箭，也是运载能力最强的火箭。长征五号火箭起飞质量约 870 吨，具备近地轨道 25 吨、地球同步转移轨道 14 吨运载能力，比长征三号乙火箭运载能力提升了 2.5 倍。长征五号首飞成功，大幅提升了中国自主进入空间的能力，把中国火箭送入包括美国和俄罗斯在内的世界主流火箭阵营。中国未来的载人航天工程空间站建设、探月工程三期以及火星探测任务，都将使用长征五号运载火箭。

"胖五"如何把探测器送去火星？

2020 年中国有两项对地外天体的重大探测活动：执行首次火星探测任务的"天问一号"和首次月球采样返回任务的"嫦娥五号"。由于对运载能力的高要求，这两项发射任务自然只能由中国现役最大的运载火箭——长征五号担纲发射主角。新一代大型运载火箭长征五号，大幅度提升了中国自主进入空间的能力，达到近地轨道（LEO）运载能力 25 吨级、地球同步转移轨道（GTO）运载能力 14 吨级。为实施载人航天空间站工程、探月工程三期、探火工程等重大航天工程项目提供高性能运载工具。

对月球及更远的天体或空间开展的探测活动普遍认为是深空探测。同是深空探测任务，火星与月球环境差异显著，这些差异给火星探测器发射任务的设计要求带来了质的变化，为适应这些特殊变化，需要相关关键技术。火星与月球探测器发射的差异主要表现在目标天体运动规律不同。月球是地球的天然卫星，主要在地球的引力作用下绕地球公转，而火星是行星，与地球同在太阳的引力作用下绕太阳公转。这种差异对发射任务轨道设计的要求截然不同，比如在发射窗口方面，理论上月球探测每个月都有发射机会，而火星探测每 26 个月才出现一次发射机会（此时地球与火星处于相对较近位置），对整个任务的总体设计、可靠性设计、计划管理等方面提出了更高的要求。

火星探测任务约束条件和设计状态复杂，运载能力、发射窗口、测控通信能力等总体指标与发射能量、近火制动能量、射向、航落区安全、中继轨道、任务轨道、着陆时机、有效载荷工作模式、科学探测数据量等关键因素密切耦合，是典型的非线性、多目标问题，多系统密切配合，通过开展发射轨道与飞行轨道一体化设计，可靠发射等专题研究，进行综合权衡与优化，保证各项总体指标协调匹配、总体最优。

首次火星探测任务计划于 2020 年 7 月下旬到 8 月上旬择机在中国文昌航天发射场，使用长征五号运载火箭直接将火星探测器发射至地火转移轨道。

此次发射最大的看点是"胖五"将首次飞出 11.2 千米 / 秒的第二宇宙速度，托举"天问一号"完全脱离地球引力，奔向火星。第二宇宙速度也称为逃逸速度，达到这一速度的航天器将成为围绕太阳运行的人造行星。

"胖五"提供的发射能量（也就是分离时探测器动能和势能的总和）将是探测器飞往火星的主要能量来源。探测器与运载火箭分离后，将开启漫长的奔火之旅，大约要飞行 7 个月的时间，期间还需要经过中途修正，修正轨道偏差。在靠近火星附近时探测器将实施制动，实现被火星的引力场所捕获，进入周期约 10 个火星日的环火椭圆轨道，再择机实施轨道机动，进入周期约 2 个火星日的椭圆停泊轨道，完成着陆区预先探测和着陆点调整后，择机释放着陆巡视器。环绕器随即进行轨道调整，进入中继通信轨道。

▲ 2020 年 7 月 23 日，中国在海南岛东北海岸中国文昌航天发射场，用长征五号遥四运载火箭将中国首次火星探测任务
"天问一号"探测器发射升空。(新华社发 郭文彬摄)

▲ 2020 年 7 月 23 日 12 时 41 分，中国在海南岛东北海岸中国文昌航天发射场，用长征五号遥四运载火箭将中国首次火星探测任务"天问一号"探测器发射升空。(新华社记者 郭程摄)

着陆巡视器与环绕器分离后，进入火星大气，通过气动外形、降落伞、反推发动机等多级减速和着陆腿缓冲，软着陆于火星表面。巡视器与承载平台分离，在火星表面开展巡视科学探测。

"胖五"发射后的残骸如何回收？

中国新一代大型运载火箭长征五号于 2016 年 11 月首飞，2019 年 12 月 27 日长征五号遥三火箭成功发射，2020 年 5 月 5 日，长征五号 B 遥一火箭首飞成功。今年的 7 月下旬到八月初，长征五号遥四运载火箭将在海南文昌航天发射场择机发射中国首个火星探测器——"天问一号"。

"胖五"的前世今生

长征五号有着庞大的"身躯"和强大的"心脏"，还有诸多江湖称号，比如"胖五""大火箭""胖火箭"和"冰箭"等，更是十年铸箭，万人铸箭。新一代运载火箭工程中，已经"亮相"的有长征六号、长征七号和长征五号，分别是新一代小型、中型和大型运载火箭。在2006 年，长征五号率先由国家立项。后经航天人历时 10 年研制成功，谱写了一曲新一代大型运载火箭研制的激昂篇章。

长征五号是新一代运载火箭中第一个立项研制的型号，按照系列化、组合化、模块化思想设计，采用 5 米直径箭体结构、无毒无污染的液氧 / 煤油和液氢 / 液氧推进系统、全新高可靠电气系统、以"新三垂"为代表的全新测试发射模式，使中国火箭的运载能力大幅提升，火箭整体性能和总体技术达到国际先进水平。如果长征五号站立在地面，"身高"达到约 57 米，相当于 20 层楼那么高，芯级"腰围"直径 5 米，助推器"腰围"直径达 3.35 米。这是目前中国火箭家族中直径最大的，此前中国现役火箭箭体直径最大的只有 3.35 米，也就是胖五的大长腿比得上传统火箭的身子骨。在运载能力上，长征五号系列火箭具备近地轨道 25 吨的运载能力，比现役火箭的运载能力提升了 2.5 倍，好比可以一次将 16 台小轿车送入太空，绝对配得上"大力士"的美誉。

长征五号的"心脏"——8 台全新研制的 120 吨液氧煤油发动机被装配在 4 个助推器上，4 台全新研制的氢氧发动机在一级和二级火箭上各装配了两台。120 吨液氧煤油发动机的威力到底有多大？打个形象的比喻，120 吨液氧煤油发动机产生的最高压强达 500 个大气压，相当于把上海黄浦江的水抽到 5000 米高度的青藏高原。不同于目前使用化学燃料的常规火箭，在"胖五"身体中流淌的"血液"是采用无毒、无污染的液氢液氧作为推进剂。在 800 多吨的身体里，90% 是推进剂，其中有两种是低温推进剂：-252℃ 的液氢和 -183℃ 的液氧。-252℃的温度已经接近低温的极限，"冰箭"一名正源于此。

"胖五"火箭残骸如何回收？

运载火箭将卫星或飞船发射送入太空，正是一个自我牺牲的过程："肢体"完成加速使命一节节地分离之后，有的进入更遥远的太空，有的坠入大海，有的坠落地面。火箭飞行过程中掉下来的部分称之为残骸。实际上，火箭残骸包括很多种类。

部分残骸是在火箭发射后几乎马上就会重新返回地面，甚至在火箭刚开始呼啸震动时就开始"掉渣／残骸"，这其实是保温泡沫或结的冰。

不过我们常说的残骸都是指火箭的大残骸，以中国载人航天所使用的神箭长征二号 F（CZ-2F）运载火箭为例，在发射后三分钟内，火箭的逃逸塔、助推器、一级火箭、整流罩等重要组成部分会相继程序分离，由于上升的高度不高，很快就坠落回地面了。中国三大传统发射场——酒泉、太原、西昌都位于内陆，每次发射后都需要回收这一批残骸。而在中国的新发射场——文昌发射场，位于海南省，也就是在海边，中国新一代的大型中型火箭（CZ-5、CZ-7）就在这里发射。每次发射完火箭的残骸都直接掉到公海里，不会造成任何的威胁，所以也就不用回收了。

大部分火箭的二级或三级往往会飞得更高，它们实际上已经进入了太空。如果星箭分离时处于低地球轨道，那么靠近大气边缘的气体足以造成阻力，拖拽着火箭二级不断减速、降低轨道高度，会在一段时间以后再入大气层。不过大家不用担心这部分火箭造成的威胁，它们没有任何的防护措施，进入大气层时速度很大，由于与大气层空气剧烈摩擦会在天空中变成美丽的流星而焚烧殆尽。

值得一提的是，此次长征五号遥四运载火箭发射火星探测器，在火箭与探测器分离时，火箭末级的速度已经超过了 11.2 千米／秒的第二宇宙速度，完全脱离了地球引力，将成为绕太阳运转的一个人造行星。

火箭残骸回收主要工作

火箭发射前一周，负责残骸回收的工作组就会奔赴"落区"。火箭的落区是经过轨道设计的，会避开城市、景区等人员密集地区和各种重点建筑、设施，大多是选择在地广人稀的偏远山区或大漠戈壁。这些地区有的山高谷深、重峦叠嶂，有的悬崖峭壁、河急滩险，有的黄沙荒漠、连绵不绝。要是遇上连日阴雨，出现塌方和滑坡，更是让落区回收工作"险象环生"。

▶ 2020 年 7 月 23 日 12 时 41 分，中国在海南岛东北海岸中国文昌航天发射场，用长征五号遥四运载火箭将中国首次火星探测任务"天问一号"探测器发射升空，飞行 2000 多秒后，成功将探测器送入预定轨道，开启火星探测之旅，迈出了中国自主开展行星探测的第一步。（新华社记者 才扬摄）

　　每到一个地方，工作组都要召集当地公安、消防、林业、交通、教育等部门召开动员部署会，落区工作人员通过广播、短信、微信等形式将火箭发射的消息通知附近居民，做好宣传动员。有时，落区工作人员还会挨家挨户进行检查督导和提醒，确保宣传动员家喻户晓、人人皆知。

　　火箭升空前一小时，落区上空会响起防空警报，工作组将所有人全部疏散到空旷、开阔的场地，确保人员生命安全。火箭发射升空后，会做好对空观察，及时避让火箭残骸。

　　经过几分钟至十几分钟的等待，火箭残骸划过天空，落入提前计算出来的预定区域。工作组会利用声音、定位系统、地形图等预判落点位置，并通过前方观察哨确认残骸具体落点，组织人员对残骸现场进行保护。残骸回收分队会第一时间赶赴残骸落点，组织技术人员将残骸上的火工品和剩余燃料进行清理，然后对残骸进行切割、分解、回收。

发射现场，来了！

Chapter

06

第六章

千锤百炼、冰火考验
揭秘天问一号探火之路

中国首次自主火星探测任务天问一号凭借火星环绕器和着陆巡视器的超强阵容，可一步实现火星"环绕、着陆、巡视"三个目标，这是其他国家在首次实施火星探测任务历史中从未实现过的，而团队所面临的技术挑战，也是前所未有的。

一步实现"绕、着、巡"

首次火星探测任务探测器系统研制团队不仅攻克了火星制动捕获、长期自主管理等关键技术难点，更实现了地火间的超远距离测控通信，并将通过环绕探测实现火星全球性、综合性探测，完成火星表面重点地区高精度、高分辨率精细详查。

制动捕获"踩刹车"

火星捕获是火星探测任务中技术风险最高、最为重要的环节之一，在火星探测器从地球飞向火星的过程中，能够被火星引力所捕获的机会只有一次。利用火箭助推，探测器获得了摆脱地球引力的能量，使用精心设计的转移轨道，探测器能够最终顺利抵达火星附近。然而，受限于携带的推进剂，环绕器在抵达火星后，必须把握住唯一的机会对火星进行制动捕获，本次火星探测任务捕获时探测器距离火星仅 400 千米，而此时探测器相对火星的速度高达 4 千米至 5 千米每秒，一不留神就会撞击火星或飞离，因此，捕获的成败就成为了火星探测任务成败的关键。

在这一制动捕获过程中，火星环绕器面临着诸多困难。由于捕获时探测器距离地球 1.93

亿千米，单向通信时延达到了 10.7 分钟，地面无法对这一制动过程进行实时监控，只能依靠探测器自主执行捕获策略，此外，在制动过程中，环绕器需要在自身出现突发状况时自主完成相应处理，最大限度保证火星捕获成功。

捕获过程中，火星环绕器需要准确地进行点火制动，如果制动点火时间过长，探测器速度下降过多，探测器就会一头撞上火星，如果制动点火时间过短，探测器速度过快，就会飞离火星从而无法进入环绕轨道，这就对环绕器的自主导航与控制提出了极高要求。为了精确把控发动机的开关时机，环绕器在近火捕获前需要由地面对其进行精确的无线电测定轨，再结合从环绕器上光学自主导航仪器中获得的导航信息，得到环绕器和火星的精确位置。制动过程中，依靠可靠的捕获策略，确保探测器处于"捕获走廊"直至进入环火轨道。

超远距离深空通信

环火飞行阶段，由于地球和火星的运行规律，器地距离最远达到 4 亿千米。为了解决超远距离通信问题，火星环绕器装备了测控数传一体化系统，提出根据距离分档的多码率自适应通信技术，并研制出高灵敏度深空应答机，实现了系统重量轻、通信效率高、通信链路可靠的目标。与以往的月球探测器相比，火星探测器最远通信距离增加了约 1000 倍，空间信号衰减增加了 100 万倍，为补偿空间衰减，火星环绕器配置了大功率行波管放大器以及大口径可驱动的定向天线，抵消超远距离带来的信号衰减，大幅度提高器地通信能力。

自主管理：会思考的"大脑"

通常情况下，环绕地球运行的卫星都是由地面控制中心根据卫星的实时状态和任务要求进行控制的。但火星环绕器由于器地距离远，通信延时大，无法完全依靠地面指令对星上出现的突发状况进行实时处理。也因环绕器与地面站通信有其空间的特殊性，导致通信中断（"日凌"）的时间最长可达 30 天，其间需依靠自身完成长期任务管理，并在出"日凌"后及时调整天线指向，迅速重新与地面建立联系，因此，此次任务中，火星环绕器配置了可见光导航敏感器和红外导航敏感器，并在重量有限的约束下完成了一系列集成优化设计，实现了优于 80 千米的定位精度，基本与地面无线电测量精度相当，能够实现接近火星和环火后的自主导航，并可同地面测定轨信息进行融合进一步提高导航精度。

在此次火星探测任务的关键节点，自主管理同样需要发挥巨大作用。例如，在火星探测器进行环绕器与着陆巡视器分离时，环绕器需在短时间内完成 3 次调姿和 2 次变轨，对姿态及位置测量及控制精度要求非常高。正是依靠自主在轨管理系统，火星环绕器才能够精准、及时地完成与着陆巡视器的分离。

多样载荷，火星全貌一览无余

此次火星环绕器上共搭载 7 种有效载荷，可对地火转移空间、火星轨道空间、火星表面及其次表层开展科学探测，获取行星际射电频谱数据、火星表面图像、火星地质构造和地形地貌、火星表层结构和地下水冰分布、火星矿物组成与分布、火星空间磁场环境、近火星空间环境和地火转移轨道能量粒子特征及其变化规律。其中中分辨率相机可对火星全球开展地形地貌普查，其在距离火星表面 400 公里高度时最高分辨率为 100 米；高分辨率相机可对火星重点地区开展局部高分辨率地形地貌详查，其在距离火星表面 400 公里高度时分辨率最高可达 0.5 米。

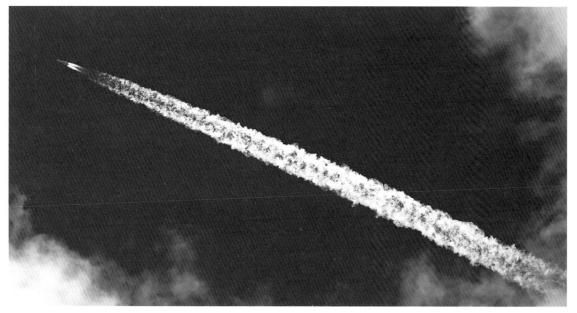

▲ 2020 年 7 月 23 日 12 时 41 分，中国在海南岛东北海岸中国文昌航天发射场，用长征五号遥四运载火箭将中国首次火星探测任务"天问一号"探测器发射升空，飞行 2000 多秒后，成功将探测器送入预定轨道，开启火星探测之旅，迈出了中国自主开展行星探测的第一步。(新华社记者 郭程摄)

仿真试验：千百次的锤炼

实践是检验真理的唯一标准，而试验是检验卫星的有效途径。每一颗卫星在升空前都要经过无数次地面仿真模拟试验，因为卫星难以实施在轨维修，所以地面的仿真试验显得尤为重要，必须反复进行验证。火星环绕器在初样研制阶段，开展了多次满载状态下的振动试验，模拟发射和在轨主动段环境。实际发射时火星环绕器是与着陆巡视器连接在一起的，为了能够尽量真实模拟发射主动段力学环境，试验人员专门制备了着陆巡视器配重件，模拟其外形、机械接口、质量特性及力学特性，是实实在在的仿真演练，必须做到与设计给定的环境条件分毫不差。

火星环绕器很重很胖，测点、通道、工况多，试验时间跨度长，与振动台连接状态需按要求不断调整，仅初样期间的一次振动测试，其加速度和应变测量通道就高达 372 个。超大型振动台设备庞大复杂、紧固部件多，且具有安装精度要求高等特点，使得其变换方向所用时间比小型振动台多出数倍。

为了确保试验成功，试验人员在试验前、试验中、试验后都严格检查产品状态，质量控制、安全控制一个环节也不能少。尤其在试验过程中工况切换时，产品外观、紧固件、试验设备、试验数据、试验结果都要进行检查确认，试验人员把"严慎细实"要求贯穿于详细记录每一个步骤、反复确认每一个结果、认真填写每一张表格之中，不放过任何一个细节。细节彰显品质，细节决定成败，精细不只是说说而已，它时刻烙印在每一位试验人员的心中，体现在每一次的试验操作中。

中国首次 自主火星探测任务 "观赏指南"

世界首次：一步实现"绕、着、巡"

中国首次火星探测任务凭借火星环绕器和着陆巡视器的超强阵容，可一步实现火星"环绕、着陆、巡视"三个目标，这是其他国家在首次实施火星探测任务时从未实现过的。

临门一脚：制动捕获"踩刹车"

捕获过程中，火星环绕器需要准确地进行点火制动，如果制动点火时间过长，探测器速度下降过多，探测器就会一头撞上火星，如果制动点火时间过短，探测器速度过快，就会飞离火星从而无法进入环绕轨道，这对环绕器的自主导航与控制提出了极高要求。

4亿公里：超远距离深空通信

环火飞行阶段，探测器距离地球最远达到4亿公里。为了解决超远距离通信问题，火星环绕器装备了测控数传一体化系统，实现了系统重量轻、通信效率高、通信链路可靠的目标。

自主管理：探测火星需要会思考的"大脑"

火星环绕器由于探测器到地球的距离远，通信延时大，无法完全依靠地面指令对火星上出现的突发状况进行实时处理。

此外，环绕器与地面站通信有其空间的特殊性，导致通信中断（"日凌"）的时间最长可达30天，其间需依靠自身完成长期任务管理，并在出"日凌"后及时调整天线指向，迅速重新与地面建立联系。

据悉，在此次火星探测任务的关键节点，自主管理同样需要发挥巨大作用。

多样载荷：给火星拍个"中式定妆照"

此次火星环绕器上共搭载7种有效载荷，其中中分辨率相机可对火星全球开展地形地貌普查，高分辨率相机可对火星重点地区开展局部高分辨率地形地貌详查，将为火星拍下来自中国的"定归照"。

"天问一号"出发半个月啦

奔火路上 这些挑战你知道吗

2020年7月23日，中国首次火星探测任务"天问一号"探测器成功发射。现在，火星之旅已经开始半个月啦，漫漫奔火路，要顺利抵达火星，须经历哪些挑战呢？

"万里长征"刚刚走完第一步

火星探测器发射成功只是"万里长征第一步"，接着，"天问一号"要进入地火转移轨道

地火转移轨道也就是霍曼转移轨道，轨道为半个椭圆，连接地球轨道和火星轨道，全程在6~11个月时间

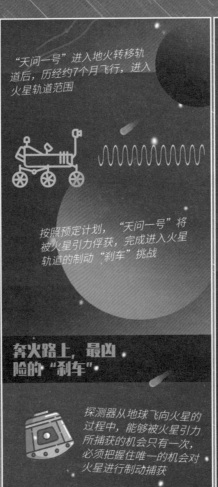

"天问一号"进入地火转移轨道后，历经约7个月飞行，进入火星轨道范围

按照预定计划，"天问一号"将被火星引力俘获，完成进入火星轨道的制动"刹车"挑战

奔火路上，最凶险的"刹车"

探测器从地球飞向火星的过程中，能够被火星引力所捕获的机会只有一次，必须把握住唯一的机会对火星进行制动捕获

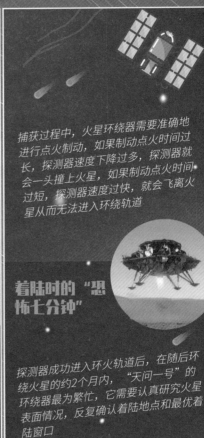

捕获过程中，火星环绕器需要准确地进行点火制动，如果制动点火时间过长，探测器速度下降过多，探测器就会一头撞上火星，如果制动点火时间过短，探测器速度过快，就会飞离火星从而无法进入环绕轨道

着陆时的"恐怖七分钟"

探测器成功进入环火轨道后，在随后环绕火星的约2个月内，"天问一号"的环绕器最为繁忙，它需要认真研究火星表面情况，反复确认着陆地点和最优着陆窗口

一旦确认，环绕器与着陆器/巡视器分离，环绕器继续在轨工作，着陆器携带巡视器开始最艰难的火星着陆之旅

由于距离遥远，地球和火星双向通信延时长达几十分钟，且火星着陆时间一般仅在7~8分钟左右，地面工作人员不可能人工控制复杂的火星着陆过程，这一切全靠着陆器自己完成！

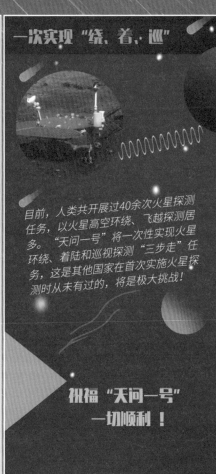

一次实现"绕、着、巡"

目前，人类共开展过40余次火星探测任务，以火星高空环绕、飞越探测居多。"天问一号"将一次性实现火星环绕、着陆和巡视探测"三步走"任务，这是其他国家在首次实施火星探测时从未有过的，将是极大挑战！

祝福"天问一号"
一切顺利！

2020年7月23日，中国首次火星探测任务"天问一号"探测器成功发射。现在，火星之旅已经开始半个月啦，漫漫奔火路，要顺利抵达火星，须经历哪些挑战呢？

天线展开：环绕器的感官神经

火箭载着火星探测器飞行约 37 分钟后，便迎来了星箭分离的重要时刻。此时，火星环绕器的太阳翼和各类天线便逐步启动展开模式。火星环绕器共有 7 个种类 12 个活动部件，火星环绕器是首个所有机构展开均为 812 所独立自主承担的型号，首次独挑大梁，火星探测任务又是国家重点工程，整个团队压力空前。

火星环绕器活动机构和天线展开不仅多，而且都很长，最长的高增益定向天线长达 2.5 米，安装时需要折叠六次，这也成为环绕器总装过程中最难啃的一块骨头。在火星环绕器的 AIT 初样阶段，试验过程中发现了天线展开后无法正常合拢的问题，主要原因是精度不够。总装团队立即紧张行动起来，再次复核数据、优化软件算法，量身定制工装，从早到晚忙碌不停，不解决问题决不罢休。经过一个星期的攻关，团队终于解决了这个难题，大家紧锁的眉头再次展开。经过初正样多次装配验证，平衡精度达到了万分之五。据型号调度王克寒介绍，环绕器的天线长，为保护其在展开后不受损坏，在天线安装过程中，操作人员从不停歇，一站就是一整天，甚至通宵达旦。他们小心翼翼地保护着产品，就像呵护自家的孩子，火星环绕器也从一个个零部件逐步成长为"国之重器"。

为环绕器穿衣：冰火两重天的考验

火星探测器发射后历经 9 个月的长途旅行才能抵达火星。火星最低温度为零下 140 摄氏度，为了确保火星环绕器在低温下正常工作，对它的"着装"要求非常严格。这件低温下穿的"衣服"被称为热控隔热组件，业内称之为低温多层，均采用自动缝纫机床及裁割机完成。火星环绕器的舱体结构大，它的"衣服"面积达到了30平方米，是上海航天历史上体表面积最大的卫星产品，而一般卫星的"衣服"面积仅约15平方米。

火星环绕器使用的是目前国内最大的SAST9000平台，安装了3000N的大推力发动机，发动机工作时温度可达上千摄氏度。这对发动机附近的温度防护提出了很高的要求。负责卫星热控实施的工艺师蒋谌立介绍说，中高温多层使用的是不锈钢箔及铝箔，边缘锋利，加工及安装难度非常大，极易割伤操作人员。为了保证操作安全，安装前，操作人员需穿戴防护服、防割手套和护目镜，先在多层标注安装孔位置进行预装，逐个打好孔后再用不锈钢丝穿套安装。操作人员宛如工艺大师在精心雕琢着"艺术品"，每一个角度、每一个缝隙都分毫不差。他们都有一颗匠心，或许"大国工匠""上海工匠"就是这样练成的。

火星环绕器还装有2.5m口径的定向天线，这是八院目前最大口径的天线。天线整体需要包覆锗膜，由于整体面积过大，锗膜材质偏脆，安装过程中极易导致锗膜破损。工艺人员将定向天线锗膜按照结构分为13块模板，器下按照模板逐一加工并安装，最后再两两搭接保证它的导电性能。操作人员变身成一个个手艺精湛的"裁缝"，为环绕器量身定制了一套"衣裳"。测量、加工、安装、检测，每一步都展现了航天人的周到细致和安全可靠。

第七章

地月合影怎么拍？
揭秘合影背后的故事

2020 年 7 月 27 日，北京航天飞行控制中心飞控团队与中国空间技术研究院试验队密切配合，控制"天问一号"探测器在飞离地球约 120 万公里处回望地球，利用光学导航敏感器对地球、月球成像，获取了地月合影。

在这幅黑白合影图像中，地球与月球一大一小，均呈新月状，在茫茫宇宙中交相辉映，引发了人们对于太空和宇宙的无限遐想。

这么远的距离、这么快的速度，地月合影的拍摄难度可想而知。图是谁拍的？又是如何拍的呢？

原来，这张图是由中国航天科技集团八院控制所研制的光学导航敏感器所拍摄的。这一敏感器安装在"天问一号"探测器上，可以在飞近火星的过程中通过对火星成像，利用火星图像计算火星的形心位置和视半径大小，结合估计算法获取探测器相对于火星的实时位置和速度信息。

探测器在太空中，就像轮船航行在茫茫大海上，不同的是飞离地球后没有北斗导航也没有 GPS。在基于地面无线电导航实现精确定位的基础上，八院研制团队还给探测器配备了光学导航敏感器，对深空探测相关光学导航方法进行工程验证。

与传统的无线电导航不同，光学自主导航可以通过图像目标识别和特征提取，完成位置、速度等导航信息的获取。这也是支撑中国未来进一步走向宇宙更远空间的重要技术之一。此次地月成像即由光学导航敏感器自主曝光拍摄完成。

光学导航敏感器就好比探测器的眼睛。有了这双明亮的眼睛，探测器也就有了自主能力，可以自己看着飞向目的地了。

　　事实上，拍摄地月合影只是这位太空拍摄高手的"小试牛刀"。此次奔赴火星，"光学导航敏感器"最重要的任务，是在飞近火星过程中，通过对火星成像，利用火星图像计算火星的行星位置和视半径大小，结合估计算法，获取探测器相对于火星的实时位置和速度信息，以便让"天问一号"探测器成功被"火星捕获"，进入火星轨道。

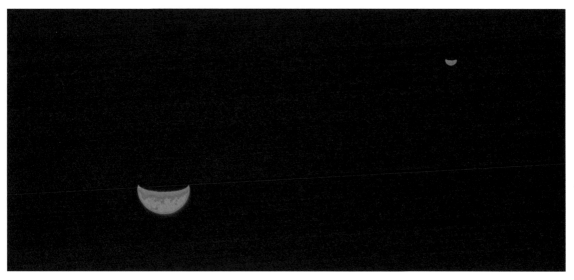

▲ 2020 年 7 月 27 日"天问一号"探测器利用光学导航敏感器拍摄的地月合影。北京航天飞行控制中心飞控团队与中国空间技术研究院试验队密切配合，控制"天问一号"探测器在飞离地球约 120 万公里处回望地球，利用光学导航敏感器对地球、月球成像，获取了地月合影。在这幅黑白合影图像中，地球与月球一大一小，均呈新月状，在茫茫宇宙中相互守望。（新华社发 国家航天局提供）

　　探测器在飞近火星的过程，装有长焦镜头的导航敏感器如同一只"千里眼"，最远可以在1000万公里的距离识别火星，还能自主适应火星从点目标到面目标、从弱目标到强目标的火星图像提取，从而实现即使没有外部导航信息，也能够在深空飞行中自主找到前进的道路。

　　有了明亮的"眼睛"，天问一号就可以看着火星再踩下刹车了，而光学自主导航技术也将为中国后续深空探测任务的开展打下坚实基础。

　　此外在嫦娥五号探月的过程中，光学导航敏感器也起了大作用。不同于探火任务中光学导航敏感器的副业发挥，嫦娥五号所搭载的双谱段监视相机是一款专业拍照神器，其主业就是记录轨道器与上升器的交会对接过程，以及轨道器与着陆器／上升器组合体分离、与支撑舱分离过程。

　　与以往任务中所搭载的监视相机不同的是，这款相机集红外和可见光成像于一体，红外和可见光传感器经各自的光学镜头获取图像数据，根据遥控指令要求在六种拍摄模式中自由切换，实现红外和可见光分别或同时成像。

　　这就相当于给普通相机加了一个夜视仪，即使交会对接过程发生在月背，接受不到太阳光照，我们也可以通过红外相机记录下全过程。而在有光照的情况下，如果光照太强，可见光相机拍摄的照片也可能存在过曝的情况，影响观看效果。有了这款双谱段相机，就可确保全天时、全光照条件下记录交会对接过程，也可以让大众从红外镜头的视角看看太空。

第八章

从地球奔向火星，天问一号
为什么要进行多次中途修正？

2020年8月2日一早，天问一号传来最新消息：在北京航天飞行控制中心和中国航天科技集团科研人员的携手努力下，天问一号火星探测器成功实施了地火转移轨道首次中途修正。

为什么要进行中途修正？在地火转移轨道飞行过程中，探测器会受到入轨偏差、控制精度偏差等因素影响。由于探测器长时间处于无动力飞行，微小的位置速度误差会逐渐累积和放大。

因此，执行飞行任务时，科研人员需要根据测控系统测定的探测器实际飞行轨道与设计轨道之间的偏差，完成对应的探测器姿态和轨道控制，确保探测器始终飞行在预定的轨道上。中途轨道修正的关键在于修正时机的选择以及每次修正的实施精度。

现在很多汽车都具有车道保持功能，如果车偏离了自己的车道，就会自动修正方向，让车回到原本的车道上来。火星探测器的轨道修正与之类似，但不同的是火星探测器要修正的不仅仅是飞行方向，还有飞行速度等多个变量。而在茫茫太空，探测器也没有道路标线作为参照物，因此难度很大。

火星探测器首次中途轨道修正任务由五院和八院密切配合实施。此前，长征五号运载火箭精准地将火星探测器送入了预定轨道，使得这次轨道控制的主要目标不再是入轨精度修正。

三型发动机，护送天问一号到火星

值得一提的是，此次探测器上携带的由航天科技集团六院研制的3000N轨控发动机是首次进行太空点火工作，验证了发动机在轨的实际性能。

3000N轨控发动机主要承担着三项任务：一是太阳系"三环"转移到"四环"过程中的

姿态修正；二是"四环"上的"刹车制动"；三是火星附近的轨道调整。

　　火星，离地球最近的行星。千百年来，人们一直对这位"近在眼前"的红脸蛋小伙伴充满好奇。这次，中国来了。

　　西安，十三朝古都。二十多年来，一代代航天科技集团六院 11 所科研人员，戮力同心，攻坚克难，先后研究设计出 120 吨液氧煤油发动机、3000N 轨控发动机、7500N 变推力发动机，护送"天问一号"到火星。梦想，从未如此靠近。

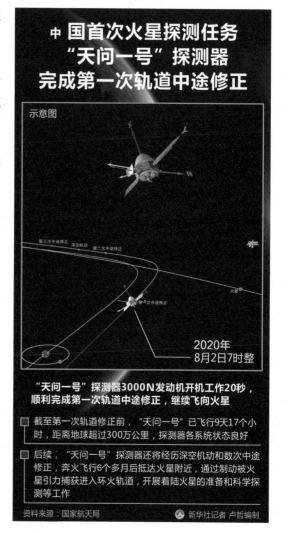

▶ 中国首次火星探测任务"天问一号"探测器完成第一次轨道中途修正。（新华社记者 卢哲编制）

第三次中途修正　深空机动　第二次中途修正

火星

第一次中途修正

2020年8月2日7时整，中国首次火星探测任务"天问一号"探测器3000N发动机开机工作20秒钟，顺利完成第一次轨道中途修正，继续飞向火星。这是2020年8月2日在北京航天飞行控制中心拍摄的现场画面。（新华社记者　才扬摄）

地点：地球，北纬 19°

这是海南文昌盛夏季节最普通的一天，闷热的空气把人紧紧包裹，汗涔涔而下，腥咸的海风带不来半点清凉，本就晾不干的衣服，穿在身上不到半个小时又被浸湿。人，就像待在蒸锅里的馒头。

本次发射中国第一颗火星探测器，是液氧煤油发动机累计第 11 次推举新一代三型运载火箭飞上太空。前 10 次飞行，53 台 120 吨级发动机表现完美，飞行发射过程中零问题、零故障。

即便如此，试验队依然绷着一根弦，配合装配、产品确认、数据判读、报告编写……将发射前的流程一项一项仔仔细细过、认认真真捋；把产品当前状态与飞行状态要求进行对比分析，真刀真枪开展"三再""双想"工作。参与此次发射的 8 台液氧煤油发动机也很"争气"，测试期间一直表现良好。

"火星，我们来了！"

地点：地火转移轨道

长征五号遥四所有发动机完成使命后，中国首次探火的动力接力棒交给了"天问一号"，3000N 轨控发动机摩拳擦掌、严阵以待。

在太阳系里，八大行星以太阳为核心公转，形成了八个环形轨道，其中地球位于"三环",火星则在"四环"。3000N 轨控发动机承担着三项任务:一是"三环"转移到"四环"过程中的姿态修正;二是"四环"上的"刹车制动";三是火星附近的轨道调整。像一位尽职尽责的快递小哥。

近似于真空的太空环境暗流涌动,隐藏着多种看不见的干扰因素,如星球引力摄动、太阳风、空间辐射等。为了防止"天问一号"不打招呼地"跑偏",设计人员综合考虑了各种因素,进行了大量计算,设计出了一条精密的轨道,在发射前上传至发动机,给"快递小哥"下载了一份离线地图。

设计人员进一步考虑到地面试验环境与太空环境的差异,为了确保姿态修正的准确性,在"快递小哥"刚开始工作时,会对性能进行一次在轨标定,试驾一下油门手感。有了上述两项措施,通常情况下,可以通过在地面通信的强大保障,提前告诉"快递小哥"进行姿态修正,偶尔联系不上也不担心。

火星的质量只有地球的十分之一,引力远小于地球,探测器在近火轨道必须及时"刹车",否则会掠过火星,这就要考验"快递小哥"刹车是否踩得稳、准、狠。在近火制动任务中,3000N 轨控发动机要快速点火启动,并在额定点长时间连续稳定工作。从 2010 年立项到 2016 年定型,发动机经历了多项考核,充分验证了各项关键技术。

地点:距离火星表面数公里

经历气动减速、启用主动降落伞、启用被动降落伞等三个阶段后,天问一号将以近 100 米每秒的速度不断接近火星表面。如何将天问一号从目前中国高铁的最高运行时速快速制动、轻轻放下？这一时刻，就要轮到新一代 7500N 变推力发动机登场了。

　　与"嫦娥三号"探测器类似，天问一号在降落过程中有降速、悬停、缓速下降等动作，对发动机实时响应能力要求很高。但火星与地球的距离远大于月球与地球之间的距离，从地球发出的信号以光速跑到火星需要 5 到 6 分钟，想在地球进行控制显然不可行。好在我们的着陆巡视器足够聪明。在发动机工作的这一分钟里，雷达等探测设备像眼睛一样盯着火星地面，将距离地面高度等参数转化发动机的推力要求，发送给发动机。发动机像拧煤气灶一样调节火焰的大小，实现推力无级调节。

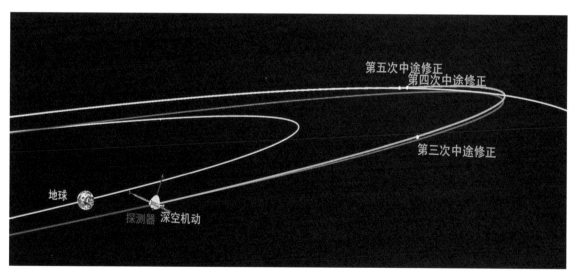

▲ 2020 年 10 月 9 日 23 时，在中国首次火星探测任务飞行控制团队控制下，"天问一号"探测器主发动机工作 480 余秒，顺利完成深空机动。这是 10 月 9 日在北京航天飞行控制中心拍摄的现场画面。（新华社记者 才扬摄）

与月球表面近似真空的环境不同，火星表面有一层稀薄的大气，为了防止在大气摩擦减速中被焚毁，着陆巡视器被设计成一个封闭的舱体。有限的舱体空间限制着发动机的尺寸，"天问一号"探测器变推力发动机的高度比"嫦娥三号"探测器变推力发动机缩小超 60%，推力等主要性能指标却要保持不变，意味着燃烧室的室压会有大幅度提升，为了保证结构强度，需要"增肉"。总体给发动机规定的设计质量只有之前的 1/3，需要"减肉"。

如何解决这一矛盾，让"小身材"发挥"大推力"，成了摆在设计团队面前的难题。设计师们借鉴了"嫦娥三号"探测器 7500N 变推力发动机的研制经验，对系统参数和总装布局进行了优化，设计出一款全新的发动机，进一步发扬了变推力发动机高性能、长寿命、高可靠的特点，一举解决了上述问题。

Chapter

09

第九章

天问一号如何完成
"太空自拍"？

　　一个重量仅 680 克的相机与探测器完成解锁，以约 0.2 米每秒的速度逐渐远离探测器；在逐渐远离探测器过程中，由近及远拍摄下带有国旗的"天问一号"探测器本体……2020 年 10 月 1 日，在举国欢度国庆、中秋双节之际，国家航天局发布中国首次火星探测任务"天问一号"探测器飞行图像，五星红旗在太空闪耀。那么，这张自拍照是如何完成的？

▲ 2020 年 10 月 1 日，国家航天局发布中国首次火星探测任务"天问一号"探测器飞行图像。（新华社发 国家航天局供图）

如何在太空中拍摄"天问一号"奔火身影？

自中国首次自主火星探测任务立项以来，如何做好火星探测器在轨工作状态的可视化监测就成了研制团队面对的重要任务之一。为了获取"天问一号"在奔火过程中的全貌状态，八院火星环绕器工程测量分系统团队专门设计了一套由多个"质量小、个头小、能耗小"的"小家伙"组成的监测系统。

在地面自拍时，人们可以借助自拍杆等辅助工具，在选好角度、光影后进行拍摄，而"天问一号"的自拍却没有这么简单。

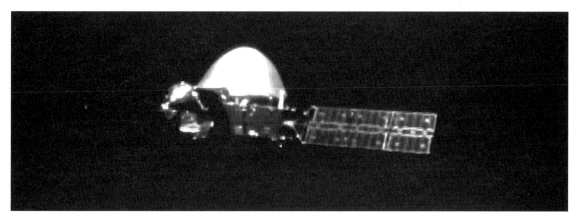

▲ 2020 年 10 月 1 日，国家航天局发布中国首次火星探测任务"天问一号"探测器飞行图像，图上的五星红旗光彩夺目，呈现出鲜艳的中国红。这是"天问一号"探测器首次深空"自拍"，茫茫宇宙中银色的着陆巡视器和金色的环绕器熠熠生辉，"天问一号"以此向祖国报告平安，表达生日祝福。（新华社发 国家航天局供图）

由于本身个头较大，如果采用自拍杆策略，天问一号需要使用一个长达 15 米的"自拍杆"才能实现全貌自拍，不仅资源消耗大，而且容易产生安全隐患。

为此，火星环绕器工程测量分系统团队提出"分离式监测方案"，即在合适的光照条件下"抛"出一个轻型相机对天问一号进行拍照，并实时把图像传回天问一号探测器上。

一次性双摄 Wi-Fi 相机

为了成功实现分离式监测方案，火星环绕器工程测量分系统团队需要一个能"分得出去、拍得清楚、传得回来、坚持得住"的"小家伙"：采用轻小型低冲击解锁分离装置使相机"分得出去"；采用彩色成像，配置 800×600、1600×1200 两档分辨率的相机让图像能"拍得清楚"；采用可实现 400 米无线通信的超强 Wi-Fi 通信让数据能"传得回来"；采用可提供长于 1 小时供电的一次性电池让相机能够"坚持得住"，让地面能够一览"天问一号"奔火的全貌状态。

考虑到相机在逐渐远离探测器的过程中可能出现翻转，研制团队将相机设计为正反双摄像头，保证相机在翻转过程也可以尽可能多地拍摄到探测器图像。

经过四年的攻关研制，这个总重约 950 克的"小家伙"历经重重考验顺利搭载天问一号火星探测器进入太空，并将重约 680 克的摄像头成功分离出去，收获了清晰的图像，圆满完成"天问一号"全貌可视化监测任务。

上太空，这面国旗不一般

作为火星环绕器工程测量分系统的重要组成部分，此次天问一号火星探测器上的国旗是为了任务专门设计与研制的。此次任务使用的国旗尺寸约为 39 厘米 ×26 厘米，稍小于一张 A3 纸，重量仅为 144 克。

为了尽可能减轻重量、保证平整，国旗图案用特殊颜料经特殊套印工艺喷涂在一张铝板上。为了确保历经太空恶劣环境考验后仍然可以鲜艳完好，国旗在经历了辐照、高低温交变、低温存储等多重试验考核后，才最终安装在探测器侧面。

Chapter

10

第十章

奔向火星关键一步！
看天问一号如何顺利完成深空机动

2020年10月9日，在中国首次火星探测任务飞行控制团队努力下，"天问一号"探测器顺利完成深空机动。至此，探测器的飞行轨道变为能够准确被火星捕获的、与火星精确相交的轨道。对中国首次火星探测任务而言，此次深空机动意义重大。

什么是深空机动？与轨道修正有何区别？

深空机动是指在地火转移段实施的一次变轨机动。通过深空机动可以改变探测器原有的飞行速度和方向，使其能够沿着变轨后的轨道顺利飞行至火星。

执行深空机动是运载火箭入轨弹道和地火转移轨道联合优化的结果，能够提升运载的发射能力、增加探测器的发射质量，使探测器可以携带更多的推进剂，更好地完成探测任务。

此前，天问一号已完成两次轨道中途修正。与速度增量较小、发动机工作较短的常规中途修正不同，深空机动过程中，探测器由发射入轨的逃逸转移轨道变轨为精确到达火星的轨道，速度增量大、发动机工作时间长，对探测器控制和推进系统提出了极高要求。

如何实现深空机动？

执行深空机动任务需要飞行控制团队根据预定到达火星的时间、轨道参数与即时测控定轨参数制定深空机动变轨策略，完成对应的探测器姿态和轨道控制，确保探测器在深空机动后处于与火星精确相交的轨道上。

天问一号在跑，地球在跑，火星也在跑。深空机动时，天问一号已经距离地球超过2900

万公里，互相之间的时延已经比较大了，所以很多动作都要靠事先设计和探测器自己完成，这些都具有难度和挑战。

为了完成地面测控的精密定轨和探测器上精确自主的轨道控制，此次深空机动中，地面对探测器的定轨任务由中国深空测控站和天文台共同完成，准确保证了探测器变轨的精密定轨需求。为了能够精确自主控制轨道，火星环绕器装备了具备故障识别与自主处理能力的计算机，充分保证了轨道控制的精准度和可靠性。

深空机动对火星探测好处多

通过使用深空机动进行轨道设计和轨道控制，不但成功增加了探测器的推进剂携带量，还实现了三方面目标。

首先，深空机动将一个大的捕获速度增量分解为两次相对较小的速度增量，有利于减小发动机单次工作时间，保证发动机工作的可靠性。

其次，深空机动的实施有利于 3000N 发动机的标定，过程中可对 3000N 发动机进行推力和比冲标定，而精确的发动机标定参数可以更好地确保火星捕获的精度。

最后，通过深空机动，八院火星环绕器研制团队实现了对探测器到达时间的优化，能够得到更加有利的捕获点处的光照条件和通信条件，也使捕获时探测器经历的火影时间（探测器进入太阳光被火星遮挡的阴影区）和通信盲区时间更短。

3亿公里之遥精确瞄准　精度优于设计指标

此次深空机动中，环绕器距离瞄准的火星位置约3亿公里，误差控制约200公里，这相当于从北京到上海约1200公里的距离中瞄准一个直径约0.8米的目标，难度可想而知。

在飞行控制团队的不懈努力下，此次深空机动控制的实际精度优于设计指标。后续，工作人员将根据探测器实际飞行状态，迭代优化中途修正策略，利用中途修正持续对到达火星的轨道进行精确修正，确保探测器能够按计划准确进入火星捕获走廊，被火星引力捕获进入环火轨道，开展着陆火星的准备和后续科学探测等工作。

六个飞行阶段如何确保各阶段能量平衡？

火星探测器飞行任务共分为发射段、地火转移段、制动捕获段、轨道调整段、中继通信段、科学任务段六个阶段，环绕器全程经历了所有阶段。工作模式多、光照变化大，如何保证各阶段工作模式能量平衡，是一大难点。

研制人员根据光照条件完成了环绕器各飞行阶段的太阳阵输出功率，并细化环绕器各阶段的工作模式及负载功率，在设计中对能源平衡进行详细计算以及复核复算，能源平衡复核复算覆盖了在轨所有极端工况，尤其在捕获轨道、中继通信等能量平衡较为困难的工况，我们协同总体制定了专门的应对措施，确保全任务期间能量平衡。

环绕器将根据太阳电池阵输出功率决定系统工作模式，太阳电池阵输出功率由小到大分别对应三种供电模式：锂离子蓄电池组供电模式、太阳电池阵与锂离子蓄电池组联合供电模式、太阳阵供电模式。如在地火转移段中途修正期间，太阳帆板工作条件不确定，我们提前根据可能经历的最严酷飞行情况制订了能源管理措施，保证了蓄电池组有足够的能源裕度；在中继通信轨道运行期间，将经历一个最长火影阶段，时长为 110 分钟。考虑到最严重的后果，这将会造成整器能源紧张，我们联合总体在确保完成地火通信任务的前提下，灵活制定了在轨分时段开启大功率单机的飞行策略，以 7—15 天为周期完成中继通信、轨道调整等工作，确保能量平衡。

在飞往火星的过程中，环绕器长期经历光照，尤其在环火轨道长光照期及地火转移段，锂离子蓄电池基本处于不工作的状态，而蓄电池的荷电态和储存温度对其性能影响很大，通过试验我们发现高荷电态与高温很容易造成电池容量衰减加剧、电池使用寿命缩减的后果。

蓄电池要控制多少荷电态？储存温度要控制在多少度才能对电池最有利？研制人员设计了相应的地火转移段蓄电池管理策略，综合考虑蓄电池自放电、采样电路耗电以及环绕器应急供电的需求，通过验证后将蓄电池的荷电态控制在 60%—80%，温度控制在 −10℃—10℃。

怎样应对恶劣环境带来的影响？

环绕器从近地球轨道飞行到火星环绕轨道阶段，随着与太阳的距离越来越远，环境越来越恶劣，也让一系列针对环绕器电源分系统的大考拉开帷幕。

首先是光照强度的逐渐减弱带来的问题。火星平均太阳光强只有地球的 0.43 倍，地火光照条件的差别造成了环绕器在不同飞行阶段的功率输入相差较大，多余的能量怎么处理？同时，光照强度越来越低，对太阳电池发电效率是否会有影响？

研制人员将因地火轨道光强差异造成的 2300W 多余能量进行了分流，这又给电源控制器热设计带来了难题。研制人员需要在单块分流模块输出功率接近 1000W 时，将器件结温控制在 85℃以下，但按照以往的设计经验，类似的分流模块在相同的尺寸下，输出功率达到 800W 时，功率器件结温就有可能超过 95℃。

必须推翻之前的设计方案！为从根本上减少模块发热量，研制人员放弃了常用型号的器件选型，经过反复查阅资料和多次验证、并申报目录外器件后，选用了一批热性能参数最优的功率器件。针对发热源，在结构设计上进行了分散排布，最大化散热面积，同时对比仿真结果进行调整，实现最优热设计结果。在按照总体要求开展的热平衡试验中，即使在各种极端工况下，功率器件结温均未超过 78℃，问题迎刃而解！

为了验证太阳电池在弱光强下的发电特性，研制人员经过仔细斟酌，进行了一次"极限挑战"。地球轨道的光照强度为 1，在火星轨道光照强度为 0.4，为了确保在 0.4 光照强度下太阳电池发电功率满足整器能源需求，我们首次将三结砷化镓太阳电池置于 0.1 光照强度下进行电性能测试，经过对设备的多次调试，最终获得了稳定的 0.1 光照强度下的太阳电池输出特性。

其次，另一道需要跨过的坎，是大范围的温度跨越。近火轨道最低温度可达到 −190℃，最高温度可达到 40℃。随着轨道运行，环绕器反复进出光照和阴影区，高低温环境对太阳电池阵的国产化基板带来了重要挑战。考虑到极端温度可能对太阳电池阵的材料造成损坏，从而使太阳电池失效，同时，为了验证太阳电池阵上接插件、导线、元器件是否满足各种极端温度条件下的使用要求，经过与总体的沟通协调，研制人员开展了 -190℃到 40℃温度的环境可靠性验证工作。

为什么选择在这个温度范围？设计人员参考了从发射到环绕火星阶段的整个生命周期。-190℃是人鳄梨目前开展的温度环境可靠性验证工作的最低温度，实施起来有些难度。开展低温试验的液氮液化的极限温度在 -196℃，为了确保试验的准确性，研制人员制作了太阳电池电路试验小板，采用液氮、烘箱的两箱法进行了试验。为了防止液氮飞溅在试验小板上，采用了聚酰亚胺薄膜对试验小板进行包覆。试验结果表明，低温达到预期，研制团队的三结砷化镓太阳电池阵技术能承受非常严酷的环境考核。

如何最大效率地发挥锂离子蓄电池的作用？

由于火星探测距离地球较远，任务时间较长，因此火星探测需要携带更多的推进剂燃料，这就对电源分系统重量提出了严苛要求。为了提高环绕器电源分系统质量比功率，各单机均需进行"减肥"。

为了最大效率地发挥锂离子蓄电池的作用，研制人员通过开展工艺攻关、选用新型材料，让火星探测器上环绕器锂离子蓄电池的重量比能量达到了 195wh/kg，195wh/kg 是国内外有报道的空间用锂离子蓄电池重量比能量的最高值。

在锂离子蓄电池研制过程中，还有一个小插曲。为满足环绕器质心配平和能源需求，应总体要求，研制人员对蓄电池的结构进行了调整，但这时距离整器力学实验和热实验分别只剩下 3 个月和 5 个月的时间。

从原先两并七串的卧式结构改成三并七串的立式结构，这对蓄电池来说相当于完全推翻了原先的设计。新的设计方案需要验证，为了节约时间，研制人员打破了之前先验证后投产正样的流程，采取验证件与正样件两组电池的结构件投产同步进行的策略。在不影响电池组力学性能的基础上，验证件电池组略去了结构件的表面处理等耗时较长的工序。

2 个月后，验证件电池组所有零部件全部到位，部门加班加点对验证件电池组进行总装和电装。在不到 3 个月的时间内，验证件电池组完成了整套鉴定级力学试验验证，并将验证件电池组交付总体参加探测器的整器力学试验。与此同时，正样件电池组的结构件也全部到位，开始总装工作。

在接到通知的 5 个月后，正样件电池组完成全部研制工作，顺利交付总体参加整器的热试验。短短 5 个月的时间，研制人员完成了环绕器锂离子蓄电池组从验证件的"设计—仿真—投产—鉴定验证"到正样件的"研制—试验—交付"等全部工作，确保了火星探测器整器力学试验和热试验的及时顺利进行，而在正常情况下，这一整套流程需要一年半的时间。

视频来了！
它被成功捕获！

Chapter

11

第十一章
首拍火星
成功获取中国首幅近火图像

浩瀚宇宙，中国奔火勇士"天问一号"传来令人振奋的消息！2021年2月5日20时，"天问一号"探测器发动机点火工作顺利完成地火转移段第四次轨道中途修正，以确保按计划实施火星捕获。国家航天局同步公布了"天问一号"传回的首幅火星图像。

此前，"天问一号"在距离火星约220万公里处，获取了首幅火星图像。据悉，这是一次尝试性拍摄，为中国探测器首次拍摄到火星的图像。图中，火星阿茜达利亚平原、克律塞平原、子午高原、斯基亚帕雷利坑以及最长的峡谷——水手谷等标志性地貌清晰可见。

这一由"天问一号"实拍的火星大片让网友们直呼过瘾，不少人纷纷表示："有生之年终于见到火星了！"探测火星的火热，也激发了大家的求知欲。

不少网友给我们留言："火星上能不能种菜？""为什么火星照片不是红色的？"那么，火星的照片为什么不是红色的？

究其原因，是因为这次成像模式采用黑白成像，这是火星首图呈黑白色的主要原因。当然，照片是黑白的，但科技含量却是足足的。天问一号采用光学导航敏感器，在浩瀚宇宙中找到火星后测出相对角度，再控制探测器精准指向火星，然后用高分相机对火星拍摄，于是就诞生了这张火星黑白照。

那么，什么是光学导航敏感器？

光学导航敏感器是指应用于空间环境中基于光学探测原理获取航天器姿态或导航信息的敏感器，就好比天问一号的眼睛。当天问一号离开地球后，没有了卫星导航，茫茫太空就得依靠这双"慧眼"去探路。

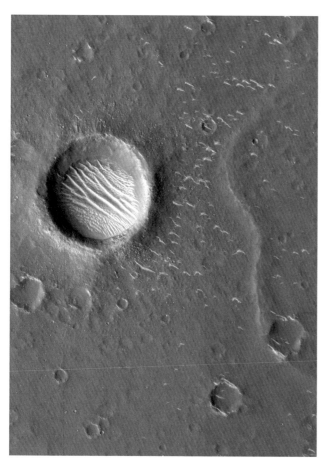

▲ 2021 年 3 月 4 日，国家航天局发布 3 幅由中国首次火星探测任务"天问一号"探测器拍摄的高清火星影像图，包括 2 幅全色图像和 1 幅彩色图像。这是国家航天局公布的高清火星影像图。（新华社发 国家航天局照片）

▲ "天问一号"在距离火星约 220 万公里处获取的首幅火星图像。（新华社发）

"天问一号"拍摄的高清火星影像图。（新华社发 国家航天局照片）

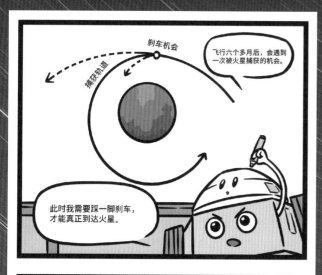

由于地球、火星、探测器三者位置关系变化,现在开始将进入35分钟的通信盲区。

北京·飞控大厅

地面将接收不到任何天问一号的画面和信号。

进入通信盲区了啊……

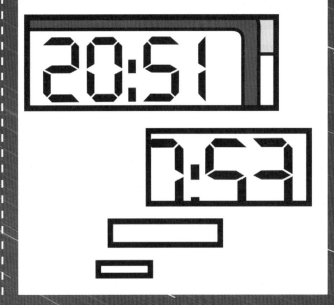

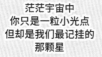

茫茫宇宙中
你只是一粒小光点
但却是我们最记挂的
那颗星

我们曾朝夕相处703个日夜
期间所有的预案和备份
都只为你的一路平安

2021年春节
最让我们安心的
不是手上回乡的车票

而是你远在1.9亿公里
之外的一句状态正常

今天是大年初一
天问一号距离我们1.9亿公里
去往火星
它赶了
200多天的路

因为它
我们才看见更远的深空
它走到的最远方
便是我们见过的最远方

让它替我们闯传说中的恐怖星球
让它替我们探人类命运的未来路

非人哉携手中国航天
祝大家新春快乐！

Chapter

12

第十二章

环绕火星成功
天问一号成为中国首颗火星人造卫星

　　2021 年 2 月 10 日 19 时 52 分，中国首次火星探测任务"天问一号"探测器实施近火捕获制动，环绕器 3000N 轨控发动机点火工作约 15 分钟，探测器顺利进入近火点高度约 400 千米，周期约 10 个地球日，倾角约 10° 的大椭圆环火轨道，成为中国第一颗人造火星卫星，实现"绕、着、巡"目标的第一步，环绕火星成功。

　　火星捕获制动是指探测器在抵近火星时，通过主发动机长时间点火，使得在行星际空间高速飞行的探测器大速度增量减速，从而能够被火星引力场捕获，进入绕火轨道。作为火星探测任务中技术风险最高、技术难度最大的环节之一，制动捕获的机会是唯一的，关系着整个工程任务的成败。捕获过程中，火星环绕器需要准确地进行点火制动，只有点火时机和时长都分秒不差，才能形成理想的目标捕获轨道。

　　火星捕获是火星探测任务中技术风险最高、最为重要的环节之一，在火星探测器从地球飞向火星的过程中，能够被火星引力所捕获的机会只有一次。利用火箭助推，探测器获得了摆脱地球引力的能量，使用精心设计的转移轨道，探测器能够最终顺利抵达火星附近。然而，受限于携带的推进剂有限，环绕器在抵达火星后，必须把握住唯一的机会对火星进行制动捕获，本次火星探测任务捕获时探测器距离火星仅 400 千米，而此时探测器相对火星的速度高达 4—5 千米每秒，一不留神就会撞击火星或飞离，因此，捕获的成败就成为了火星探测任务成败的关键。

　　在这一制动捕获过程中，火星环绕器面临着诸多困难。由于捕获时探测器距离地球 1.93 亿公里，单向通信时延达到了 10.7 分钟，地面无法对这一制动过程进行实时监控，只能依靠探测器自主执行捕获策略，此外，在制动过程中，环绕器需要在自身出现突发状况时自主完成相应处理，最大限度保证火星捕获成功。

捕获过程中，火星环绕器需要准确地进行点火制动，如果制动点火时间过长，探测器速度下降过多，探测器就会一头撞上火星，如果制动点火时间过短，探测器速度过快，就会飞离火星从而无法进入环绕轨道，这就对环绕器的自主导航与控制提出了极高要求。为了精确把控发动机的开关时机，环绕器在近火捕获前需要由地面对其进行精确的无线电测定轨，再结合从环绕器上光学自主导航仪器中获得的导航信息，得到环绕器和火星的精确位置。制动过程中，依靠可靠的捕获策略，确保探测器处于"捕获走廊"直至进入环火轨道。

经历了近 8 个月的长途旅行，天问一号环绕器也开始了环火工作，和火星车进行了首次宇宙"对话"。作为中国首次深空探测，为了"见证"这一激动人心的时刻，为了"听得清、传得准、管得好、放得稳"，确保高质量处理、存储和传输，电子产品发挥着至关重要的作用。

听得见更要听得清

在深空探测领域，月球与地球的距离约为 36 万—40 万千米，火星距地球为 5600 万—4 亿千米，地火最远距离约为地月距离的 1000 倍。发射信号的衰减与距离的平方成正比，相同发射功率的信号到达地球将非常微弱。如何精准地接收来自地球的遥控信号并向地球发射科学探测数据，八院电子所承担的定向天线分系统交出了一份满意的答卷，形象一点说，定向天线就相当于人的"耳朵"，收发共用，是火星和地球的信息枢纽。

　　这个天线"挺灵活"。火星探测对数据传输任务来说是一项严峻的挑战，为了让火星轨道上环绕器发出的信号增强，必须增大天线的增益。综合考虑环绕器空间布局，电子所创造性地采用了一种嵌入式反射面共形设计思路，大天线反射面当作卫星系统结构的一个侧面，天线就像隐身在环绕器舱体表面一样，充分利用了环绕器的有限空间资源，在环绕器重量体积受限的约束下，实现了国内火星探测领域最大的反射面天线。

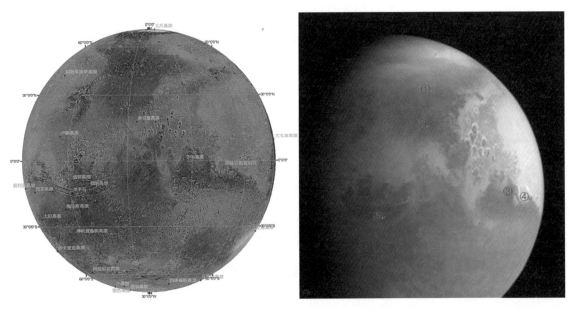

▲ 这是国家航天局公布的"天问一号"在距离火星约 220 万公里处获取的首幅火星图像及火星部分标志性地貌标示。(新华社发)

　　这个天线"精度高"。真空高低温变形是确保天线增益不变的前提。通过仿真分析、设计保证、加工过程控制等技术，确保了设计参数，但随之而来的问题是，如何测量。在−140℃以下真空超低温环境下2.5米大口径反射面天线的变形测试成为难点。在技术难度大、进度紧张的情况下，天线研制团队对测试验证开展了技术攻关，在短时间内就完成了测试方案。首先进行摸底试验，团队夜以继日地驻守在试验中心热真空实验室，通宵达旦地开展了大量验证。通过摸底测试找到了薄弱环节，大家放弃了"五一""端午"等休息时间，多次往返京沪两地，和设备研制厂家进行深入沟通，协调完成测试设备的优化改进。在2018年7月，完成了在轨30种高低温工况测试验证，试验取得了圆满成功。此次试验，为定向天线在轨工作性能分析打下坚实的基础，也为后续其他型号更高频率、更高精度要求的型面设计和测试奠定了坚实基础。

　　这个天线"特抗冻"。由于火星环绕器在轨道上光照时间短，天线会面临低于−140℃的温度环境，而对于大口径天线无法采取常规的控温办法，只能硬抗。为了验证大口径反射面的极端低温适应能力，采用了卫星专用的4米真空罐开展了热真空试验；为了让产品更放心，团队专门开展了液氮储存试验，直接看到了极低温对方向图的影响，并利用形变数据进行方向图仿真，最终大反射面的"抗冻"能力让大家松了口气，一颗悬在空中的"心"终于可以放下来了。正是科研人员这种严谨务实、一丝不苟的工作态度，让初样时期的"风险"产品变成了"放心"产品。

传得快更要传得准

着陆器在火星上的"旅行见闻"想要传回地球，必须经过环绕器这个数据中转站。为了保证这场通信接力赛的顺畅，环绕器上的两名"选手"——UHF 中继通信机和 X 中继通信机随时待命。电子所测控通信室承担了这两台关键产品的研制，以确保在火星上的所见所闻全部传回地球。

"一丝不苟"——UHF 中继通信机。火星距离地球 4 亿公里，地面指令 15 分钟才能到达，信号一来一回需要半小时。面对如此大的通信延迟困难，UHF 中继通信机在国内首次实现了"无人值守式"自主测控通信。通信机可以自主发起并建立通信；在通信过程中，码率可以自适应动态调整；如果通信中断，可以自动重联；通信结束后也会自主释放信道。对于火星通信既要实现自主测控通信又要与国际接轨，符合 CCSDS 临近空间协议势在必行。这是一套国际上通用的深空探测通信协议，协议复杂，而且对系统设计有着很高的要求。设计师秦奋带领团队从零开始进行研究，厚达 400 页的英文文献，一页一页消化，一章一章地推进，不断的坚持，换来了对协议的把握，同时明确了设计方案。经过无数次的测试与设计改进，UHF 中继通信机终于实现了零差错、零丢帧、可自动重传的高可靠智能测控通信方案。

"随机应变"——X 中继通信机。火星环绕器存在"近火点"和"远火点"，为了保证随时通信，能实时自动适应由远及近的各种通信距离，X 中继通信机设计了九档码率、两种交织深度，共十八种通信模式。为了实现多模式、大多普勒条件下的高灵敏度接收，设计师刘杰与团队成员一起研究了各种模式，结合无数次的试验数据，终于找到了多模式下的可变最优环路带宽，实现了高灵敏度的 X 频段多码率长短帧通信。为了提高产品的稳定性，将设计缺陷消灭在萌芽状态，设计师提出了最优帧头锁定机制，结合帧头低容错的设计思路，有效解决了"帧头错锁到数据区"等可靠性问题，进一步提升了 X 中继通信机的稳定性和强壮性。

回顾三年多的研制历程，一路走来如履薄冰，设计师们也是随时

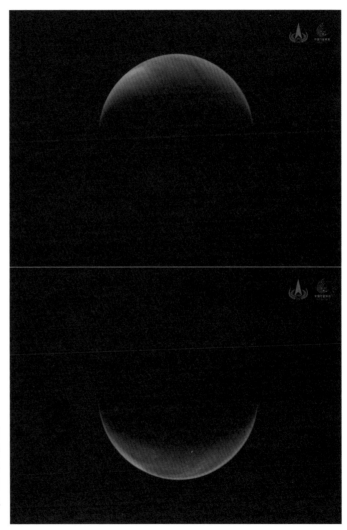

▶ 2021 年 3 月 26 日，国家航天局发布 2 幅由中国首次火星探测任务"天问一号"探测器拍摄的南、北半球火星侧身影像。这是一张拼版照片，上图为：北半球上方火星影像；下图为：南半球上方火星影像。（新华社发 国家航天局供图）

保持着"打怪升级"的激情与责任，因为我们期待着火星的无限风景一帧不落地出现在地球人的眼前。

管的住更要管得好

火星环绕器信息数据"大管家"。综合电子分系统管理单元是环绕器的"大管家"，主要收集表征环绕器内部设备功能、性能、温度等特性的参数，将这些信息进行存储、调度和管理，配合卫星管理软件实现环绕器在轨自主管理。"大管家"除了具备自主管理能力外，也可以接收地面对它的遥控指挥，再将数据分发给各设备执行，所有的工作任务采取流水线方式，并行处理。"大管家"相比较传统地球卫星管理单元，经受的力学冲击更大，能够承受高达 1700g 冲击；工作温度范围更宽，能够适应 -50℃ — 60℃温度范围；在轨长达 10 个月的 -65℃ — 65℃的高低温存储。

火星环绕器飞行控制"指挥员"。姿轨控分系统的 GNC 单元，承担着火星环绕器绕地飞行、地火轨道转移、绕火飞行的指挥控制任务，尤其是地火轨道转移的制动刹车操作，对指挥员的驾驶技术挑战极大，正所谓"失之毫厘、谬以千里"。在这样的背景下，以高洁为首的设计师，提出三模冗余计算机设计方案，三台计算机相当于三个大脑，实时同步运转并精准表决，准确将火星环绕器送入火星轨道。保证三个大脑同步性是三模冗余计算机的关键所在，设计团队经过了多轮仿真，精细验证，实现了三模冗余计算机的研制。参加分系统、整器等联试，经测试各项功能和性能均满足要求，设计团队及时总结经验，形成了三模冗余计算机设计规范，真正当好了"指挥员"这个角色。

Chapter

13

第十三章

稳稳落在火星表面！

　　红色火星上首次有了中国印迹！科研团队根据"祝融号"火星车发回的遥测信号确认，2021 年 5 月 15 日 7 时 18 分，天问一号着陆巡视器成功着陆于火星乌托邦平原南部预选着陆区，中国首次火星探测任务着陆火星成功。

南　　　　　　　　　　　　　　　西

180°　　　　　　　　　　　　　　　　　270°

▲ 着陆点全景图。（新华社发 国家航天局供图）

　　2021 年 5 月 15 日凌晨 1 时许，"天问一号"探测器在停泊轨道实施降轨，机动至火星进入轨道。4 时许，着陆巡视器与环绕器分离，历经约 3 小时飞行后，进入火星大气，经过约 9 分钟的减速、悬停避障和缓冲，成功软着陆于预选着陆区。两器分离约 30 分钟后，环绕器进行升轨，返回停泊轨道，为着陆巡视器提供中继通信。

终于来到梦寐以求的火星身边。在无形的火星引力之手牵引下，经过几个月的详细观察与调整后，环绕器将实施火星之旅的另一项关键动作——器器分离。

在约 3 个小时内，环绕器需要变轨到危险的撞击火星轨道，建立并保持着陆器进入火星大气所需要的姿态（姿态误差小于 0.01 度）。在预定分离时刻，环绕器与着陆器必须完成分离，经过安全距离飘飞过程后，环绕器需要迅速完成推力加速，以回到安全的环绕火星轨道。

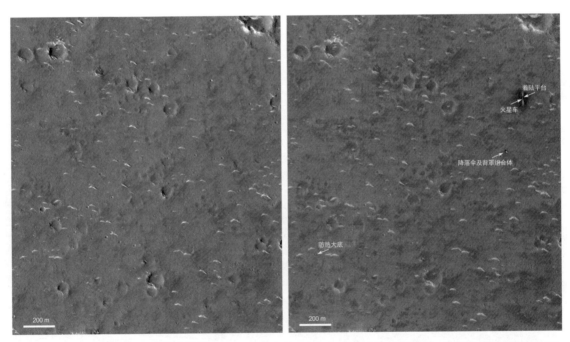

▲ 2021 年 6 月 7 日，国家航天局发布中国首次火星探测天问一号任务着陆区域高分影像图。图像中天问一号着陆平台、祝融号火星车及周边区域情况清晰可见。（新华社发 国家航天局供图）

　　环绕器犹如一名优秀的跳水运动员，正在完成一次空中高难度的翻腾和时间精准的入水。环绕器这一系列姿态机动"翻腾"和器器分离"入水"动作必须一气呵成。"入水"太早难以保证着陆器进入精度，"入水"太晚则会造成环绕器撞击火星的风险。入水前的空中翻腾，每一时刻环绕器的姿态旋转都伴随其自身速度的变化，入水时的角度和时刻更是要做到丝毫不差，而这组超级动作还需要在没有地面实时测控支持的情况下由环绕器全自主完成。

　　"精准"与"可靠"如何选择？经验丰富的设计师们是不会做单选题的，而是"我都要"。设计师们仔细考量分离过程的潜在风险，设计了从姿态测量、速度计算、推力输出等各因素出现故障情况下的自主处置预案，使得环绕器在部分推力器或敏感器失效等情况下，既能保证环绕器与着陆器实现准确分离，又能保证分离后环绕器安全返回环火轨道。这场精妙绝伦的高难度"跳水"，您一定不能错过。

被火星"捕获"，确保最好的落地姿态

　　火星探测器进入火星引力范围后，需要对探测器进行制动控制，以消除探测器过快的飞行速度。制动捕获期间姿态控制常用的三种方案有：固定方向姿态制动、固定角速率旋转制动、沿轨迹反方向旋转制动。这三种方法各有优缺点，其中固定方向姿态制动工程实现最简单，但长时间制动燃料使用效率略低；沿轨迹反方向制动理论上效率最高，但需要在发动机工作的过程实时计算轨迹反方向，发动机点火姿态偏差和推力偏差使得这种制动方式可靠性略低；固定角速率旋转制动可以兼顾制动效率和可靠性。火星探测过程中需要根据发动机参

数、制动时间长度、制动控制精度要求等工程目标，选择合适、可靠的制动捕获策略，使探测器能够"一次成功"形成环绕火星飞行状态。

为了保证着陆器着陆点的范围要求，探测器通过推力减速，降低至撞击火星轨道后，在预定时刻完成环绕器与着陆器的分离。分离动作完成后，环绕器需要迅速升高轨道以避免真正撞向火星，着陆器则飞往火星表面，完成软着陆后释放巡视器开展火星表面巡视探测，同时环绕器继续留在火星环绕轨道进行火星遥感探测。这一系列太空芭蕾般的动作都依靠 GNC 分系统的自主、准确、正常地工作。

踏上火星　感觉良好

被火星成功捕获以后，天问一号经过几个月的养精蓄锐终于开启了第二阶段任务——着陆。火星的北半球多平原，南半球多山地，此次火星软着陆的地点就选择在火星北半球乌托邦平原的南部。

整个降落过程大致分为"进入—减速—软着陆"三步。天问一号在进入火星大气层以后首先借助火星大气，进行气动减速，这个过程它克服了高温和姿态偏差，气动减速完成后，天问一号的下降速度也减掉了 90% 左右。

紧接着天问一号打开降落伞降速，当速度降至 100 米每秒时，天问一号通过反推发动机进行减速，由大气减速阶段进入动力减速阶段。

在距离火星表面 100 米时天问一号进入悬停阶段，完成精避障和缓速下降后，着陆巡视

▶ 国家航天局发布天问一号着陆过程两器分离和落火影像，该图由火星车前避障相机拍摄，正对火星车前进方向。图像中，着陆平台和"祝融号"火星车的驶离坡道、太阳翼、天线等结构展开正常到位。（新华社发 国家航天局供图）

◀ 国家航天局发布天问一号着陆过程两器分离和落火影像。该图由导航相机拍摄，镜头指向火星车尾部。图中可见火星车太阳翼、天线展开正常到位；火星表面纹理清晰，地貌信息丰富。（新华社发 国家航天局供图）

器在缓冲机构的保护下，抵达位于火星东经 109.9° 北纬 25.1° 的着陆点。

　　总的来说，整个过程天问一号在 9 分钟内将约 2 万千米每小时的速度降到 0。值得一提的是，虽然此前中国已有月表着陆经验，但是此次天问一号火星软着陆任务更加艰难。

　　一方面火星表面存在大气，因此火星比月球表面有着更复杂的环境；另一方面火星离地球距离更加遥远，通信时延达到 20 分钟左右，因此整个着陆过程相距遥远的地表来不及做任何处置，只能靠天问一号自主完成，经历"生死九分钟"。

　　天问一号执行中国首次火星探测任务，对于火星的环境，特别是大气等参数，我们没有一手数据，所以相当于我们到了一个完全未知的环境，难度和挑战可想而知。

着陆火星　使命不凡

　　成功着陆后，"绕、着、巡"的串联任务终于进行到最后一步。首先，着陆器将着陆信息通过环绕器转发地面，先后完成坡道及太阳翼天线展开，火星车在第一时间将成功展开的消息传回地面。一切就绪后，祝融号火星车将自主驶离着陆器，抵达火星表面，开启新的征程。探测火星不仅是工程任务的突破，更是行星科学领域的突破。

　　除了常规的通信、能量来源（太阳能帆板）、支撑结构、动力系统等部分外，天问一号整体上携带了 13 种科学载荷，其中 7 个在火星上空的环绕器上，分别是中分辨率相机、高分辨率相机、次表层探测雷达、火星矿物光谱探测仪、火星磁强计、火星离子与中性粒子分析仪、火星能量粒子分析仪。6 台分布在火星车上，分别是多光谱相机、次表层探测雷达、火星表面成分探测仪、火星表面磁场探测仪、火星气象测量仪、地形相机。

它们共有五大使命，主要涉及火星空间环境、地表形貌特征、土壤表层结构等研究，将给中国带来探测火星的一手资料。其中，与气象有关的研究项目将收集有关温度、气压、风速和风向的大气数据，并研究火星的磁场和重力场，这些也将解答大家的疑惑——火星究竟是什么样的气候。

天问一号成功着陆火星，成为中国星际探测征程上具有里程碑意义的重要一步。经过六年的科研攻关，发射场百余天的坚守，以及 295 天的飞行控制，天问一号实现了一次教科书式的精准着陆，展示了中国深空探测技术的先进能力，体现了我们集中力量办大事的制度优势。

后续，除了火星车要在火星表面进行巡视探测外，天问一号环绕器也将继续工作。环绕器将在完成着陆过程的中继通信任务后，在周期为两个火星日的停泊轨道上运行一圈，之后在近火点实施变轨机动，将轨道变为周期为三分之一个火星日的中继轨道，这样一个火星日内，环绕器可为火星车提供一次近火点中继通信和一次远火点中继通信，为后续的巡视探测任务提供信息传输服务。

完成火星探测，真的没有那么简单

火星探测的一个重要特点和难点，是探测器与地球之间信息传输时延较长，火星探测器在距离地球最远端时的器地信息单向传输时间要 20 分钟以上，这就意味着地面获得的是探测器 20 多分钟前的状态，这一点明显区别于地球卫星可以实时实施操控的条件，也对火星探测器的自主性提出了更高的要求。

环绕器 GNC 分系统，需要完成从地球到火星全过程飞行的姿态、轨道控制，在不同的飞行工况下需要同时保证探测器姿态稳定、通信天线指向地球、太阳电池阵对准太阳，可靠地捕获火星、准确地分离着陆器、稳定地环绕火星飞行；着陆器 GNC 分系统需要克服火星大气流动等未知环境的影响，实现可靠和准确的着陆控制；巡视器 GNC 分系统则要能够自主应对火星表面的复杂地形地貌、火星黑夜的低温，安全地在火星表面行驶。GNC 分系统工作异常对于探测任务的影响都是最直接的，此外还有保证温度的热控分系统、保证通信的测控数传分系统等，加上运载火箭的发射能力、科学探测仪器技术，火星探测工程考验的是一个国家航天领域的综合能力。

未来，中国将以首次自主火星探测任务为基础，开展火星采样返回，小行星探测以及木星探测等深空任务，那时，我们探索宇宙的脚步将会走得更远。

天问一号着陆后，
总设计师哭了

第十四章

火神 "祝融" 荒野求生

2021 年 8 月 15 日，祝融号火星车在火星表面运行 90 个火星日（约 92 个地球日），累计行驶 889 米，所有科学载荷开机探测，共获取约 10GB 原始数据，祝融号圆满完成既定巡视探测任务。当前，火星车状态良好、步履稳健、能源充足，将继续向乌托邦平原南部的古海陆交界地带行驶，实施拓展任务。

祝融号靠什么巡视探测火星？

在巡视探测期间，祝融号按照"七日一周期，一日一规划，每日有探测"的高效探测模式运行。导航地形相机获取沿途地形地貌数据，支持火星车路径规划和探测目标选择，并用于开展形貌特征与地质构造研究；次表层探测雷达获取地表以下分层结构数据，用于浅表层结构分析，探寻可能存在的地下水冰；气象测量仪获取气温、气压、风速、风向等气象数据，用于开展大气物理特征的研究；表面磁场探测仪获取局部磁场数据，与环绕器磁强计配合，探索火星磁场演变过程；表面成分探测仪、多光谱相机获取特定岩石、土壤等典型目标的光谱数据，用于元素和矿物组成等分析研究。

火星车导航地形相机、表面成分探测仪、次表层探测雷达、

"中国印迹"图。(新华社发 国家航天局供图)

气象测量仪，环绕器高分辨率相机、次表层探测雷达（甚低频模式）、离子与中性粒子分析仪等 7 台科学载荷获取的数据已经完成相关处理和质量验证工作，并形成标准的数据产品，中国月球与深空探测网日前已面向国内科学研究团队开放数据申请，后续将以月为周期组批发布科学数据。

2021 年 6 月 27 日，国家航天局发布中国天问一号火星探测任务着陆和巡视探测系列实拍影像，包括着陆巡视器开伞和下降过程、祝融号火星车驶离着陆平台声音及火星表面移动过程视频，火星全局环境感知图像、火星车车辙图像等。

2020 年发射窗口，中国的祝融号和美国的毅力号火星车同时出发，目前均在火星表面开展探测活动。中国由此成为第二个在火星上开展巡视探测的国家，也是唯一一个同时开展月球和火星巡视探测的国家。

祝融号火星车到达火星表面后，有关部门发布了火星车拍摄的照片，引起人们广泛关注。特别是看到利用 Wi-Fi 分离探头从第三方视角拍摄的火星车与着陆平台的合影时，大家纷纷点赞祝融号火星车。那么，祝融号火星车到底有哪些技术特色呢？

设计定位为"二代半"

设计火星车之初，有国外专家问起中国第一辆火星车的设计定位。对于这个问题，我们给出的答复是：美国利用 25 年先后发展了三代火星车，单从重量的角度看，分别为第一代的 10 千克级别、第二代的 100 千克级别和第三代的 1000 千克级别，各方面的能力也随之不断提升。我们的祝融号火星车重量为 240 千克，仅从重量看，它属于第二代。

随着技术发展，我们的祝融号火星车设计定位是"二代半"。这个多出的"半代"，主要体现在火面移动、生存、自主技术等方面的先进性上。

主动悬架啥地形都不怕

火星表面地形复杂，既有陡坡、大石块，也有松软的沙地。美国火星车在工作过程中，曾遇到难以翻越的沙土质陡坡，也曾陷入沙土中无法移动。祝融号火星车采用了主动悬架移动系统，其目的就是使火星车在复杂地形条件下，具备较强的通过能力。

在平坦的硬路面上运动时，火星车保持主动悬架机构的主动关节锁定，此时悬架退化为被动悬架。遇到石块障碍比较高的情况，可利用主动悬架将车体抬高。在难以通过的软土沙地，特别是车轮发生较大沉陷无法顺利通过时，可采用尺蠖运动方式脱困。

首先，两个前轮向前运动，中轮和后轮不动，车体高度随之逐渐降低。其次，前轮不动，中轮、后轮前进，这个过程中车体高度逐渐抬高。然后，再持续重复上述过程。这样的尺蠖运动方式，运动效率虽然比较低，但沙地脱困效果非常好。

靠集热窗实现"保暖"

火星表面温度偏低，在火星车顶部，安装的像双筒望远镜一样的设备，叫作集热窗。窗口有一层薄膜，可见光能顺利透过，车体发出的远红外线却无法透出，从而起到保温效果。

阳光透过集热窗后，能量被一种叫作正十一烷的物质通过相变方式储存。火星白天温度升高，这种物质吸热熔化；到了晚上温度下降时，这种物质会在凝固的过程中释放热能。能量的转换方式变成了"光能—热能—相变能—热能"，效率可达到 80% 以上。

当前，火星上正值盛夏，祝融号火星车会"感觉"稍稍有点热。不过，等火星到了秋季之后，收集热能的这个本领就会显示出效用了。

太阳能电池片像荷叶疏水一样除尘

在火星表面工作，不可避免地会受到火星尘的影响。最直接的影响，就是导致太阳能电池输出功率下降。因为火星车工作所需的电能都来自太阳能，如果电能不足，火星车只能在火星表面"睡觉"。

在夏季，人们观察荷叶上的水珠，可以发现，荷叶与水间并没发生浸润，荷叶随风摇曳的过程中，水珠很容易滚落。借鉴自然界荷叶的疏水原理，科研人员在电池盖片上增加了超疏基微观结构。这些结构的尺寸比火星尘颗粒的特征尺寸还要小，当火星尘与之接触时，就相当于与一个纳米级的"针床"接触，而不是与一个平面接触。这大大减小了火星尘颗粒与电池片之间的接触面积，从而减弱了它们之间的附着力，使火星尘不易沉积，即便沉积后也更容易移除。

火星车采用了超疏基电池盖片，其中两个太阳翼还可调整到竖直状态，便于火星尘滑落。

超疏基微观结构的制备方法有很多种，火星车上采用的是湿化学腐蚀法。测试发现，改

▲"着巡合影"图。2021 年 6 月 11 日，国家航天局在北京举行"天问一号"探测器着陆火星首批科学影像图揭幕仪式，公布了由"祝融号"火星车拍摄的着陆点全景、火星地形地貌、"中国印迹"和"着巡合影"等影像图。首批科学影像图的发布，标志着中国首次火星探测任务取得圆满成功。（新华社发 国家航天局供图）

进后的太阳能电池片，除尘效果达到了 80% 以上，特别是对粒径 75—125 微米范围内的尘埃颗粒，除尘效果可达 95%。

由自己决定何时"睡觉"何时"起床"

火星表面也会有局部沙尘天气，严重时甚至蔓延到火星的大部分地区，成为全球性沙尘暴。美国的机遇号火星车在火星表面工作了 15 年，就是因为一次严重的沙尘天气而中断了工作。

祝融号火星车如何应对这样的沙尘天气呢？研制者们为其设计了自主休眠唤醒功能。就是说，火星车会根据环境变化，自己决定何时"睡觉"何时"起床"。

在火星表面，当风速逐渐升高，出现沙尘天气时，火星车首先感觉到的是太阳能电池板输出的电能有些不够。每当黄昏时，电池电量都应该是满满的，"今天怎么这么少？"火星车赶紧计算明天工作需要多少电能。如果结论是"差一点"，那么火星车就会减少工作的设备，通过"过紧日子"的方式等到第二天；如果结论是"差很多，不够今天晚上用的"，那么火星车就会立即休眠，全系统断电。

这时，就需要祝融号火星车"过点苦日子"。设备的温度越来越低，最低可达 −100℃以下。即便如此也没办法，火星车只能在寒冷中"睡觉"。

唤醒有两个必备条件：一个是等到沙尘天气过去，阳光越来越强，大气变得澄净、透明，火星车太阳翼的发电量可维持正常工作；另一个是火星车关键设备的温度符合工作要求，比如蓄电池可以正常充电了。等条件都满足了，不需要地面控制，火星车会自己"苏醒"，继续工作。

图像压缩算法——展强大功能

对陌生环境进行探索，图像信息无疑是最直观也是最核心的信息。图像信息中含有相当多的时间和空间冗余，因此图像信息的数据量非常大。

火星车执行任务的前 3 个月，火星与地球之间距离为 3.2 亿—3.8 亿千米，从火星到地球的通信链路带宽受到很大限制，在深空数据源端对图像进行压缩，无疑是提高信息回传效率的必由之路。深空探测器资源宝贵而有限，火星车的数据处理能力不会像地面计算机这样强大。因此，需要根据火星探测任务的应用需求，统一考虑图像数据的压缩及传输两个环节，设计最优的图像数据压缩及传输方案。

针对火星探测任务中图像压缩处理需求，科研人员专门为祝融号火星车设计了图像压缩算法，实现了多种相机数据存储管理、图像压缩比灵活控制、质量渐进性传输、感兴趣区域优先编码、抗误码扩散和图像缩略图生成下传等功能，满足了火星车可靠、高效、灵活的图像应用需求。

祝融号火星"荒野求生"

1. 着陆：平安抵达火星乌托邦

2021 年 5 月 15 日凌晨，已经在火星上空环绕盘旋了 3 个月的祝融号终于要开始降落。

凌晨 4 点，祝融号离开带它来到这里的环绕器，随登陆平台一起向火星表面飞速驶去。大约在 125 公里的高度，开始进入火星大气层。稀薄的火星大气中，登陆平台的速度达到约 3 马赫，它一边高速飞行，一边调整着姿态，寻找合适的降落角度。但如果以这个速度着陆，只有粉身碎骨。随后，降落伞打开，登陆平台的速度逐渐降到 2 马赫，大底被抛掉，着陆平台伸出它蜷缩了近 10 个月的着陆腿，测距测速敏感器此时也开始工作，为着陆做准备。

距离火星表面还有 1.5 千米时，一路保护着祝融号、像龟甲一样的背罩连带着降落伞被抛掉。与此同时，主发动机打开，强大的反作用力使速度逐渐降低，光学成像敏感器开始对下方进行成像。在距离火星表面还剩 100 米的时候，着陆平台悬浮在空中，对脚下的地表进行激光三维成像，选择最佳的着陆位置。位置确定后，着陆平台在主发动机的精妙控制下开始缓缓下降。终于，随着一团尘埃被气流溅起，着陆平台的 4 只腿稳稳落在了火星乌托邦平原，火星终于迎来了它的第一位中国客人。

着陆后的祝融号环顾乌托邦平原，这是火星最大的平原，放眼望去，满是延伸到天边的红褐色，零零散散的岩石、沙丘，撞击坑错落其间，静静地等待着访客降临。平坦、广阔的乌托邦平原是"外星"访客造访火星的最佳落脚点之一，-4000 米的海拔给了着陆器足够的降落时间，平缓的地形也大大降低了祝融号的行驶难度。此前，祝融号的美国"同行"维京2号也曾降落在这里，但目前祝融号还没有看到它。科学家认为，乌托邦平原可能曾是火星古海洋与陆地的交界面，有极大的探索价值。无论如何，祝融号终于平安抵达，前方是无尽的未知等待着去发现。

2. 旅程：有惊无险地走过了1000米

2021年5月22日，随着一阵略显嘈杂的电流声，祝融号的驱动机构开始加电，从着陆平台坡道缓缓向下，驶向火星表面。很快，4个车轮完全着地，平稳站立在了火星表面。

该怎样向大家描述火星土壤的

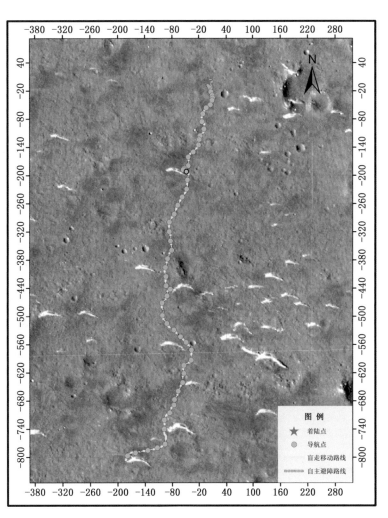

▲ 祝融号火星车移动节点和里程。（新华社发 国家航天局供图）

▲ 火星探测器着陆火星表面模拟图。（新华社记者 金立旺摄）

▲ 在北京航天飞行控制中心拍摄的"祝融号"火星车已安全驶离着陆平台模拟图像（2021 年 5 月 22 日摄）。（新华社记者金立旺摄）

质感呢？由于火星表面岩石密布，多年的侵蚀导致火星表层土壤坚硬、里层土壤松软，可以说是"外焦里嫩"。但这种土壤构成也使祝融号的车轮更易陷入其中。当然，研制人员早有准备，通过配备的主动悬架构型的变化，可以进行"抬轮"和蠕动，使祝融号在下陷后能够脱困，这在地球上已成功试验过无数次。

　　出发前的仪式感当然不能少。开始长途跋涉前，祝融号与着陆平台合了一张影。虽然没办法用自拍杆，但祝融号带了一个"三脚架"——Wi-Fi分离相机。把它投放到指定位置后，迅速跑到着陆平台旁边，"1、2、3，咔嚓"，正面、侧面都拍了几张，然后就要和登火伙伴们告别，独自启程。

　　来不及仔细欣赏火星风景，祝融号便一路向南驶去。行驶途中，导航地形相机每日对沿

▲ 近期火星车拍摄巡视区全景影像。（2021 年 8 月 30 日发）（新华社发 国家航天局供图）

途地貌进行成像。地面飞控人员则会依据每日获取的导航地形图像，对祝融号进行视觉定位和移动路径规划，帮助它安全穿越各种地形。但一段旅程最美的往往不是目的地，而是沿途的风景。当路过感兴趣的科学探测目标时，祝融号会停下利用物质成分探测仪和多光谱相机等科学载荷对其开展详细探测。

2021 年 7 月 12 日那天，祝融号在路上遇到了一路保护它的背罩，身后还背着那大大的降落伞。祝融号用导航地形相机给背罩和降落伞组合体拍了照，这是祝融号第一次以旁观者的角度完整地看到它们。经过气动烧蚀后的背罩依然结构完整，像龟甲一样翻倾在地上，身后的降落伞宛若一袭白色长裙拖在火星表面，优雅而又坚韧。

告别它们后，等待祝融号的是一场真正的探险之旅——穿越一片密布石块、撞击坑、沙

东　　　　　　　　　　　　南

90°　　　　　　　　　　　　　180°

丘的复杂地带。不过不用太担心，地面工作人员会仔细规划，帮助祝融号小心避开危险。到现在，祝融号已经走过了 1000 米的路程，有信心接下来依然会一切顺利。

3. 收获：已取得超过 10GB 的数据

这次天问一号要一次性实现"绕、着、巡"三大任务，来火星一趟不容易，必须要好好利用这个机会。为了不虚此行，祝融号随身带了 6 种科学载荷。桅杆上有导航地形相机和多光谱相机，用来感知火星表面的地形地貌特征以及矿物类型；桅杆下面则是磁场探测仪和气象测量仪，可以获取火星磁场与气象数据；还有次表层探测雷达，可以在行驶过程中探测行驶路线下的地表浅层结构；物质成分探测仪则可以识别火星表面的元素分布。

到目前为止，祝融号随身携带的 6 台科学仪器已经取得了超 10GB 的数据，如果再加上环绕器搜集的数据，已经积累了超过 420GB 数据。就像手机中占用内存空间最多的总是相册一样，火星车的数据中大部分也是图像、视频。但好在它的"网速"还可以，环绕器在头顶兢兢业业地进行数据传输中继，虽然 1 兆每秒的下传速度暂时比不上 5G，20 多分钟的时延也有点长，但上网冲浪，发个朋友圈已经足够。

这次来了以后才发现，火星上的天气并不总是那样糟糕。或许是天公作美，祝融号和天问一号还没有遇到可怕的火星沙尘暴。但因为离太阳太远，能接收到的太阳能只有地球的40%，加之稀薄的火星大气也缺少地球大气"被子"般的保温作用，着陆区白天的气温也只有零下 20 摄氏度到零下 10 摄氏度。不过好在风速不大，着陆区风速大约每秒 2—8 米，是地球上再舒适不过的微风。对于祝融号这个户外工作者来说已经足够幸运。

4. 未来：延迟"退休"继续服役

祝融号的设计寿命是 90 天，理论上来讲，它的工作时间已经结束，但现在祝融号已经工作了百余天，既定任务已全部圆满完成，但祝融号的表现实在太好，加之火星的好天气格外给力，看样子祝融号的退休时间要无限延后了。

但接下来，因为日凌的影响，祝融号可能先要放个长假。9 月份，太阳将运行至地球和火星的中间，届时火星将彻底躲在太阳的身后，对地球避而不见。到那时，祝融号和地球间所有的通信都将中断。按照早已设计好的预案，祝融号将暂停一切科学工作，仅保留维持生命运转的设备，进行定时查体，自动排障，正大光明地休息一个月，等待日凌过去。

等日凌结束后，祝融号还要继续"加班"，进行计划外可能的拓展探索和极限测试，好为以后的深空探测积累经验。而一直为祝融号中继数据的环绕器也将转入遥感轨道，在继续承担中继作用的同时，还将担负起对火星全球进行遥感探测的任务。相信祝融号和天问一号会继续通力合作，利用有限的时间，获得更多的成果，希望有一天能够回答"遂古之初，谁传道之？上下未形，何由考之？"的天问。

祝融号为何不能日行千里？

虽然祝融号的最大时速可达 200 米，但在实际工作中，必须将火星车的行驶速度放缓。

首先，火星车的速度受到车体可获得的能源动力的限制。以祝融号为例，它的主要动力能源为太阳能。地球距离太阳约 1.5 亿公里，可接收到的太阳光辐射约 1353 瓦每平方米，而火星距离太阳约 2.5 亿公里，到达火星表面的太阳光辐射远弱于到达地球表面的太阳光辐射。因而在火星车行进的过程中，为了确保设备能够拥有足够的供能以维系正常运作，车体的速度不能太快。

其次，放缓速度有利于预留出足够时间以供火星车在遇到紧急情况时进行自主处理。火星车前安装有前景相机，前景相机能将火星车周围的地貌传回地面控制中心，但由于火星距离地球非常遥远，火星与地球之间的通信延迟可达 20 多分钟，这就使得一些突发情况的信息无法被及时地传回地面。因此火星车必须先进行自主处理，较快的行进速度不利于它对于紧急情况的自主处理。

人类火星车知多少

2020 年 7 月，中国发射了祝融号火星车，美国发射了毅力号火星车，目前两车均在火星表面正常工作。

2020 年以前，人类成功执行任务的火星车，包括美国的索杰纳号、勇气号、机遇号及好奇号，共 4 辆火星车。

其中，机遇号在火星表面工作了 15 年，好奇号现仍在火星表面进行探测。当年，苏联也曾尝试执行火星巡视探测任务，但没有成功。

火星探路者任务使用的索杰纳号火星车，于 1996 年 12 月发射，控制模式采用遥控方式。地球和火星之间的时延，使得地面人员不能实时控制索杰纳号。火星车通过着陆器与地面进行周期性通信，仅能执行简单的命令序列。着陆器与地球之间的通信每天进行 2 次，每次 2 小时。

火星车的遥测分析，是由地面火星车控制工作站完成的。当火星车每天工作结束时，地面科学家小组利用火星车和着陆器拍摄的图像，指定火星车下一步运动的目标位置及移动路径。索杰纳号有限的自主能力，主要体现在自主地形穿越、突发事件处理和资源管理等方面。

火星探测巡视器任务中使用的火星车勇气号和机遇号，主要工作模式是自主导航加遥操作。每个火星日的活动时间大约持续 4 小时，一般集中在中午时分。火星探测器的自主性解决了数小时无人监测、复杂地形的运动控制等难题。

火星科学实验室任务中使用的火星车好奇号，主要工作模式是长距离自主导航加遥操作。好奇号在火星行走时所进行的高效路径规划决策，以及在采样过程中对机构的精准控制，均由探测器自主完成。

2020 年 7 月 30 日发射的毅力号火星车，其能力在好奇号的基础上又有所改进和提升，其搭载的机智号直升机还可在火星稀薄大气中飞行。

"站"在火星上讲火星，我们是认真的！

Chapter

15

第十五章

天问一号实现中国
航天史上 6 个首次

　　天问一号任务成功是中国航天事业自主创新，跨越发展的标志性成就。在中国航天发展史上，天问一号任务实现了 6 个首次：一是首次实现地火转移轨道探测器发射；二是首次实现行星际飞行；三是首次实现地外行星软着陆；四是首次实现地外行星表面巡视探测；五是首次实现 4 亿公里距离的测控通信；六是首次获取第一手的火星科学数据。在世界航天史上，天问一号不仅在火星上首次留下中国人的印迹，而且首次成功实现了通过一次任务完成火星环绕、着陆和巡视三大目标，充分展现了中国航天人的智慧，标志着中国在行星探测领域跨入世界先进行列。

　　天问一号任务成功是全体参研参试人员八年来团结拼搏、不懈努力的重要成果。中国首次火星探测任务起点高、难度大、挑战多，从论证阶段开始，就面临环境新、距离远、时延大、环节多等诸多难题。2013 年，国家航天局基于前期成果，听取多方意见，经过慎重研究，提出了"首次火星探测任务即实现火星环绕和着陆巡视探测"的目标，启动了任务方案论证和实施。2016 年工程立项后，参与工程实施的数千家单位、数万名科技工作者，突破火星制动捕获、进入一下降一着陆、航天器长期自主管理、远距离测控通信等一系列关键技术，于 2020 年 7 月按计划将天问一号送入太空。经过近 7 个月的奔火飞行和 3 个月的环火探测，天问一号成功着陆火星，祝融号火星车驶上火星表面开始巡视探测，完成对着陆平台成像、着陆点附近的科学考察，地面成功接收相关数据并形成了首批科学成果。

天问一号的使命：围绕火星核心科学问题开展相关科学探测

为了开展这样的科学探测，科研人员在火星车上配备了六种仪器：火星车雷达、磁场探测仪、成分探测仪、气象测量仪、多光谱相机和地形相机，其中，磁场探测仪是国际上首次在火星表面进行移动的磁场测量，获得精细尺度的火星磁场信息的工具。还有国际上先进的火星车雷达和成分探测仪，通过双频段全极化雷达获取火星浅层结构，探测可能的地下水冰分布；通过激光诱导光谱方式，获取火星表面岩石的化学元素组成。此外，多光谱相机、地形相机和气象测量仪，将感知火星表面环境，测量火星表面温度、气压、风速、风向和声音。目前，6 种科学仪器均已开机测试获取探测数据，正在开展科学探测。将围绕水冰活动、火山活动等关键科学问题，深入认识火星古环境特征和演化，研究古火星的宜居环境。

除了火星车，我们着眼于火星着陆区的高精度探测之外，还有一个环绕器，着眼于火星全球、全局的探测。这两个探测器的组合，可以实现天地验证和互相补充，既有局部重点探测，又有全球遥感探测。环绕器在祝融号火星车工作 3 个月以后，将进入全球遥感探测轨道，在兼顾与火星车中继通信的同时，开展火星全球遥感探测。

在环绕器上配置 7 种科学仪器，也非常有特点。比如说有一个双极化雷达、亚米分辨率的高分相机、500 多个谱段的光谱分析仪、中分辨率相机，这些都和目前国际上火星探测的最高能力处于同等水平。另外还有磁强计、离子与中性粒子分析仪和能量分析仪，这主要是结合一起对磁场与粒子空间环境进行探测，为火星空间环境和大气逃逸机制研究获取第一手的资料。

飞控新突破：中国迄今为止飞行距离最远的一次航天任务

火星任务的测控系统主要是由飞控中心、地面测控站网及其他相关部分组成，在火星探测中承担着对"天问一号"探测器以及"祝融号"火星车的跟踪、轨道测量、数据传输，解决抓得着、看得清、控得准的问题。通过中国首次火星探测工程的建设和实施，中国的深空测控体系建设、能力建设都取得了长足发展和重要突破，这里简要报告以下几个方面。

一是测控距离大幅延伸。在中国原有深空测控网基础上，完成了深空测控设备能力的升级，满足深空测控通信的技术指标和全新工作模式要求，同时新建成多天线组阵系统，对深空弱信号的接收处理能力大大增强，对探测器的跟踪、测量和数据传输能力，从探月工程的几十万公里扩展到火星任务的数亿公里。通过中国深空测控网所属的各个测控站和测控设备，可以实现对探测器的全时段跟踪覆盖，实现了中国首次行星际飞行的成功测控和可靠上下行数据传输。

二是测控精度有力保障。综合运用增强的测量手段，包括全球布站的甚长基线干涉测量，还有优化的数据处理技术，使得测控测量的精度大大提高。同时，运用基于行星际空间和时间特征的轨道计算技术，对迄今距离地球达到3亿多公里，后续还会更远的飞行轨道以及着陆器和巡视器位置进行高精度确定。精确的轨道有力地保证了深空机动、近火捕获、两器分

火星地形地貌图。（新华社发 国家航天局供图）

离、火星大气进入等关键控制，以及对着陆区高分辨率成像、火星车通信、火面着陆以后巡视探测的成功精准实施。

三是飞行控制克难制胜。由于超长时延和其他因素的影响，天地交互的模式与近地航天以及月球探测任务都有很大不同，并且大量环节都是机会唯一，只能一次性成功。此外，通过环绕器中继的方式对火星车进行遥操作控制，从状态获取到控制实施，以及天地设施的调度协同，都增加了许多新的难度和挑战。在这次任务中，成功实现了在非实时、开环模式下，对深空飞行器的飞行控制和行星表面巡视器的遥操作控制，做到了从地面对数亿公里以外的探测器和巡视器状态能够获取及时、完整，控制实施严密、精确，实际结果与预定方案达到高度契合。总得来说，此次火星探测任务的成功应用，表明中国的深空测控能力和飞控体系完全能够满足行星际空间的跟踪、测量、通信、监视、控制的要求，能够为中国后续更多更远的深空探测任务提供坚实支撑。

小诤在火星：探索红色
星球的遥远过去

Chapter

16

第十六章

全自主飞行
天问一号圆满通过日凌考验

2021 年 9 月，"天问一号即将失联一个月"的消息刷遍了朋友圈。日前，天问一号火星探测任务团队通过地面发令形式，正式将器上状态设置为"出日凌"，标志着火星环绕器顺利完成了一月有余的全自主飞行，圆满通过了日凌考验。天问一号的好消息让大家开心的同时也让很多人不由得好奇：一个多月中，天问一号到底经历了什么？究竟是依靠什么，让它可以在遥远的火星顺利完成自主飞行？

火星探测中的"日凌"

火星距离地球很远，两者距离一直在 5500 万至 4 亿千米之间周期性变化。为了实现火星与地球之间的通信，所有的火星探测器都需要采用强大的通信技术、配置复杂的通信设备，例如火星环绕器就配置了由超高灵敏度深空应答机、2.5 米口径定向天线、复杂微波网络等设备组成的通信系统。然而即使如此，也无法对抗太阳超强的电磁辐射。当太阳位于火星与地球之间时，火星探测器与地球之间的无线电通信将受到干扰而失去联系。

根据天体运动规律，火星、地球每隔 26 个月将会分列于太阳两侧，三个天体近似连成一线。2021 年 9 月中旬至 10 月下旬便是这样一个时期，在火星工作的包含美国、欧洲、印度在内的全部火星探测器在此期间都将与地面失去联系，中国的天问一号火星环绕器和祝融号火星车也不例外。

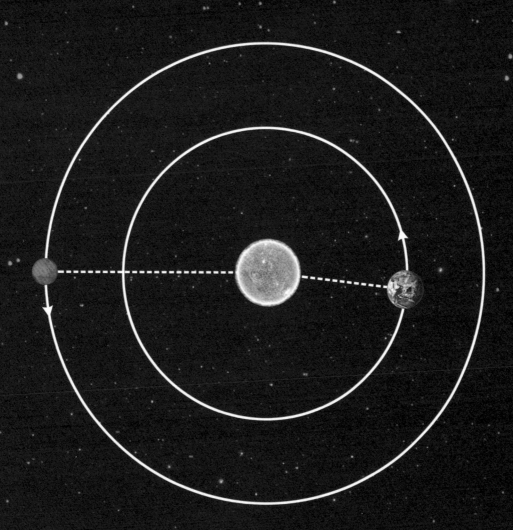

▲ 日凌示意图。(新华社发 国家航天局照片)

早有准备 天问一号的"日凌模式"

为了保证在轨飞行安全,火星环绕器团队于 2021 年 9 月中旬对火星环绕器的工作模式进行了调整。在完成全面状态检查后,通过地面指令将环绕器设置为自主安全稳态管理模式,即"日凌模式",以应对器地失联情况。在进出日凌期间,地面每天接收火星环绕器状态遥测,一方面判定环绕器在轨状态,一方面判定太阳对器地通信的干扰。

随着火星、地球与太阳相对位置的移动,火星环绕器对地无线通信经历了受到干扰、出现中断、逐渐恢复的过程。2021 年 10 月中旬,器地通信恢复,任务团队开始了火星环绕器状态评估工作。经过仔细分析与确认,火星环绕器状态良好。日前,任务团队通过地面发令形式,正式将器上状态设置为"出日凌"。这标志着火星环绕器顺利完成了一月有余的全自主飞行,圆满通过了日凌考验。

后续火星环绕器将会恢复探测工作,完成轨道调整进入科学探测任务轨道。进入科学任务轨道后,火星环绕器携带的中分辨相机、高分辨率相机、次表层探测雷达、矿物光谱分析仪、磁强计、离子与中性粒子分析仪、能量粒子分析仪共 7 台载荷将会开机工作,开展火星全球性和综合性的科学探测。

"失联"一个月,天问一号怎么了

中国首次自主火星探测任务"天问一号"探测器于 2020 年 7 月 23 日升空,2021 年 5

月 15 日着陆火星乌托邦平原南部。截至 10 月中旬，环绕器已经飞行了 450 余天，"祝融号"火星车驶上火星表面也已经超过 150 余天。目前探测器状态良好，已取得大量科学数据。然而近期，天问一号居然"失联"了一个多月，这究竟是怎么回事呢？

目前，天问一号环绕器运行在中继通信轨道，主要为祝融号进行中继通信。2021 年 9 月下旬至 10 月中旬，火星、地球运行至太阳的两侧，且三者近乎处于一条直线，出现日凌现象，由于受太阳电磁辐射干扰的影响，器地通信中断，环绕器和火星车转入安全模式，停止探测工作。日凌结束后，环绕器择机进入遥感使命轨道，开展火星全球遥感探测，获取火星形貌与地质结构、表面物质成分与土壤类型分布、大气电离层、火星空间环境等科学数据，同时兼顾火星车拓展任务阶段的中继通信。

什么是日凌？

在关心天问一号是否安好之前，要先了解什么是日凌现象？传统意义上的日凌，是针对通信卫星提出的。通信卫星一般位于赤道上空，距离地球 36000 千米轨道高度的地球同步轨道上。而每年的春分和秋分时节，太阳也刚好直射地球赤道。因此从地球上看，太阳恰好与通信卫星重合。太阳每时每刻都在发射大量的杂乱无章的无线电信号，而我们用于接收卫星信号的天线，实际上也会接收到来自太阳的信号。而在强大的太阳面前，卫星信号犹如烛火一般不值一提。虽然现在的天线指向精度很高，但来自太阳的无线电信号将不可避免地会干扰正常的通信卫星的信号，这会导致地面接收出现异常，例如我们家庭里的电视会信号不稳定，出现"雪花"屏或蓝屏。

而在探测火星时，探测器是绕火星飞行的，从宏观上看，探测器的空间位置与火星重合。那么，当火星被太阳挡住，或者说被太阳光完全淹没的时候，探测器自然也将被太阳遮挡。在天文学上，火星和地球运行至太阳的两侧呈近似 180 度的现象被称为火星合日。根据太阳系天体运动的规律，今年自 9 月下旬至 10 月中旬，天问一号正处在日凌阶段。

日凌对火星探测器有什么影响？

天问一号目前与地球的距离约 4 亿公里，即使以光速飞行也要 20 多分钟才能到达探测器的位置。天问一号探测器距离我们如此之遥远，我们对它的状态只能通过无线电信号得知。火星合日前后，很容易出现日凌现象，探测器与地球之间的联系将受到太阳的显著影响，甚至有可能发生信号中断。一旦无线电信号中断，地面就没法跟天问一号进行对话，也就无法指挥祝融号进行科研探测。简而言之，太阳是一个巨大的辐射源，当它出现在我们地面站和探测器通信链路上时就会影响通信，因此，此次天问一号和祝融号"失联"了一个月。

天问一号是如何度过日凌的？

首先，在日凌期间，地面对天问一号的状态一无所知，这对天问一号的自主控制能力提出了较高的要求。由于地面控制人员对探测器的在轨状态是有数据和经验积累的，因此在"失联"期间，探测器经历的外部环境条件是可预估的。其次，探测器可针对可能出现的风险采取规避措施，同时根据预估的环境条件，在进入日凌前对探测器的相关系统进行状态设置，将整个探测器状态调整至相对简单、可靠的"安全模式"。最后，探测器拥有自主管理能力，在日凌期间对器上系统进行定期检查，发现异常情况将按事先制定好的预案进行自主处置，保证探测器在出日凌后正常与地面建立通信链路。

　　总而言之，火星探测日凌是一个自然现象，而日凌同时也为行星探测技术积累一定的经验。安全度过第一个日凌的天问一号探测器和祝融号不仅让我们更充满信心，也正好让辛苦了 100 多天的祝融号好好放个假，你说是不是？

天问一号重大节点回顾：

　　2020 年 7 月 23 日，天问一号在文昌航天发射场由长征五号遥四运载火箭发射升空，成功进入预定轨道，迈出中国行星探测的第一步。

　　2020 年 7 月 28 日，天问一号在飞离地球 120 万千米处回望地球，利用光学导航敏感器对地球、月球成像，获取了地月合影。地球与月球一大一小，均呈新月状，在茫茫宇宙中相互守望。

　　2020 年 8 月 2 日，天问一号 3000N 发动机开机工作 20 秒，顺利完成第一次轨道修正，继续飞向火星。

　　2020 年 9 月 20 日，天问一号 4 台 120N 发动机同时开机工作 20 秒，顺利完成第二次轨道修正，探测器各系统状态良好。

2020年10月1日，国家航天局发布中国首次火星探测任务天问一号探测器"深空自拍"飞行图像。

2020年10月9日，天问一号主发动机点火工作480余秒，顺利完成深空机动，探测器各系统状态良好。

2020年10月28日，天问一号8台25N发动机同时开机工作，顺利完成第三次轨道修正，地面测控通信各中心和台站跟踪正常。

2021年2月5日，天问一号发动机点火工作，完成地火转移段第四次轨道中途修正，国家航天局同步公布了探测器传回的首幅火星图像。

2021年2月10日，天问一号进行近火制动，成功被火星捕获，进入环火轨道。

2021年2月15日，天问一号环绕器实施捕获轨道远火点平面机动，将近火点轨道高度调整至约265千米。

2021年2月24日，天问一号环绕器实施第三次近火制动，进入停泊轨道。

2021年5月15日，天问一号着陆巡视器成功着陆于火星乌托邦平原南部预选着陆区，中国首次火星探测任务着陆火星取得圆满成功。

2021年5月17日，天问一号环绕器实施第四次近火制动，进入中继通信轨道。

2021年6月11日，天问一号首批科学影像图发布，标志中国首次火星探测任务取得圆满成功。

2021年9月下旬至10月中旬，天问一号处于日凌阶段。

后记：我们的征途是星辰大海

有人问，中国火星探测任务取得圆满成功靠的是什么？

实事求是讲，中国办事有中国人自己的特点，而这一特点可能只有中国人自己能够实现。

第一，毫无疑问是我们的政治优势，党中央的英明决策，坚持党的领导，是我们面对百年未有之大变局和中华民族伟大复兴战略全局，面对新冠肺炎疫情扰动时再接再厉、再立新功的重要法宝。如果没有党中央及时批准立项研制，2020 年当人类再次迎来数年一遇的"探火季"时，中国只能眼巴巴地看着别人去逐梦火星。这一点，是中国无数个重大工程、重大项目取得成功的重要经验，是必不可少的关键一环。

第二，新型举国体制、社会主义集中力量办大事的制度优势。不论多么困难的情况下，尤其是新冠肺炎疫情突发，飞机停运、人流冻结、铁路停止，参研参试人员怎么去，设备设施怎么运输？一个报告上去，各个部门齐心协力。没有这个制度优势，办不到。

第三，中国航天发展战略专家们的超前谋划。国家航天局发挥一张蓝图绘到底的钉钉子精神。不管谁当局长，经历了几任，每一任领导、每一任总师和负责人，大家都是一茬接着一茬干，一棒接着一棒传递。

天问一号 8 年的研制建设、设计、攻关、生产、试验各个环节精益求精、一丝不苟，这是中国航天人在努力；国内、国际因天气原因推迟发射的例子不少，着陆时出现沙尘暴也曾有过，但是回过头看，天问一号在发射的时候和着陆的时候，气象条件都符合预期的期盼。这是老天帮忙，成功的必然之中也有幸运的成分，这是历史唯物主义的强大力量。但是成功之后，我们仍然不能骄傲，要深挖一下，更多地去找一找不足，多看一看还有什么地方需要进一步改进，多问一问下一次再去还能够这样顺利吗？一次实现"绕、着、巡"，可喜可贺，但是我们毕竟是第一次去，与世界先进水平相比，与成功了多次的国家相比，还有很大的差距，所以越是在成功的时候，越要正视自己的水平。

中国人探测火星不是"一锤子买卖"，我们还要不断地去续写我们行星探测的新高度，要确保每次都能成功。所以，未来我们更应时刻跟自己比，让自己每次都有进步，保持定力，积小成于大成、积小胜为大胜。

火星探测圆满成功，展望未来行星探测规划是什么？

面向浩瀚苍穹，探索永不止步。根据国家航天局公布的最新消息，目前，中国正在规划"十四五"时期的航天事业发展蓝图，按照党中央对航天强国建设的战略部署，统筹考虑国际

▶ 2020年7月17日在中国文昌航天发射场拍摄的长征五号遥四运载火箭。当日，长征五号遥四运载火箭在中国文昌航天发射场完成技术区总装测试工作后，垂直转运至发射区，计划于7月下旬到8月上旬择机实施中国首次火星探测任务。（新华社发 张高翔摄）

▲ 2020 年 7 月 23 日，在中国海南文昌航天发射场，"天问一号"探测器由长征五号遥四运载火箭成功发射。（新华社记者才扬摄）

▲ 2021 年 5 月 15 日，航天科研人员在北京航天飞行控制中心指挥大厅庆祝中国首次火星探测任务着陆火星成功。科研团队根据"祝融号"火星车发回遥测信号确认，5 月 15 日 7 时 18 分，天问一号着陆巡视器成功着陆于火星乌托邦平原南部预选着陆区，中国首次火星探测任务着陆火星成功。（新华社记者 金立旺摄）

上科学热点，也包括中国自身的工程技术基础，基本上按照"技术上可实现、经费上可承受、科学上有贡献"，统筹空间科学、空间技术、空间应用，对未来行星探测作谋划，现已明确：到 2030 年左右，依然以火星探测为主线，首次火星探测实现"绕、着、巡"，后面还会开展火星取样返回，同时还会开展小行星探测、木星系探测，另外还会实施探月工程嫦娥六号、七号、八号任务，跟国际同行特别是俄罗斯正在论证国际月球科研站等等一系列任务。

　　首次火星开启了行星际探测新征程，中国不会停下脚步。

　　实际上，早在 2016 年中国的航天白皮书当中，已经对未来深空探测的重点内容作了表述。后续的这些任务，中国航天仍然会坚持一个基本的原则，就是整体规划、分布实施和持续发展。

　　火星探测不是"一锤子买卖"，搞完首次火星探测就歇了，后续中国航天深空探测还将安排一系列任务。那么这些任务有什么特点呢？

　　一是选择重点、热点和亮点作为探测目标，实现高起点的跨越发展。火星仍然是中国航天后续探测的重点，这也是国际深空探测的重点。火星是地球的近邻，科学上的意义巨大。小行星探测是中国深空探测的热点，也是国际深空探测的热点。现在大家经常讲，小行星撞击地球的危害，这是引起各界关注的，还有小行星上面的资源，等等。最关键的是，小行星它小，但它的任务很难，带动我们航天技术向精细化的航天技术发展意义重大。再一个就是木星系探测，它是一个亮点。众所周知，离开太阳，水、金、地、火、木、土、天、海，木星离我们更远一些。到目前为止，我们对木星系的认知非常之肤浅，进行的探测也非常之有限。应该说它孕育着大量的科学新发现的机会。去木星系除了科学意义之外，还能带动我们更远距离的测控，更长寿命的探测器的技术，还有新能源的利用，因为到了木星系必须有更新的能源等等，所以我们说开展木星系探测是深远的航天技术的发展。因此基于这些亮点、重点和热点，我们就有后续的发展的节奏。中国航天人在开展首次火星探测任务的时候，小行星取样返回任务已经开展了先期研制。我们会像首次火星探测任务一样，按照我们自己的节奏，按照我们中国人的速度，尽早实现。接下来，就是火星取样返回和木星系探测。

二是我们考虑到整体任务继承与创新的协调平衡，任务安排有机衔接，确保风险可控。首次火星探测任务，里面还有很多东西是为我们后续任务打基础的。比如到达和着陆技术，就是为我们后期火星采样返回奠定了很好的基础。我们正在实施的小行星取样返回任务，就是为将来火星返回技术做探索。所以这些任务安排是协调递进发展，不是孤零零的一个项目，而是完整的整体，这也是我们整体规划的特点之二。

然而，必须更加深刻地认识到，每一次任务技术都很复杂，难度都很大，尤其是火星采样返回任务。大家都知道，目前为止，全世界还没有哪个国家能从火星采样返回，因为确实技术难度太大。还有木星系探测任务，实事求是讲，这两个任务就是国家今年给我们钱我们也干不成，因为我们还有很多技术的空白。

因此，在规划当中对于火星采样返回和木星系探测，中国准备利用 2 年到 3 年的时间攻克其关键技术，比如火星表面怎么起飞，这不是跟月球起飞的相似技术，它跟我们在地球表面发射卫星相类似，真正需要火箭发射技术，还有其他的一些相关技术。

三是规模适度始终是必须把握的一个原则。因为国家很重视深空探测，尤其这次两院院士大会上，习近平总书记讲话当中特别提到，深空探测成为技术竞争的制高点。国家如此之重视深空，那更要把国家支持我们的经费用好，争取最大的效果。总之，对于后续，大家可以敬请期待，中国不会停步，只会加快探测的步伐，不断续写中国人进入行星际空间的新高度。

火星，过年好！